Alan Garner

Rotverschiebung
Fantasy-Roman

übersetzt von
Bernd Rauschenbach

Eugen Diederichs Verlag

Titel der englischen Originalausgabe »Red shift«

CIP-Kurztitelaufnahme der Deutschen Bibliothek
Garner, Alan:
Rotverschiebung: Fantasy-Roman/Alan Garner.
[Aus d. Engl. übers. von Bernd Rauschenbach]. –
1. Aufl. – Düsseldorf, Köln: Diederichs, 1980.
Einheitssacht.: Red shift ‹dt.›
ISBN 3-424-00687-4

Erste Auflage 1980
©by Alan Garner 1973
Alle Rechte der deutschen Ausgabe beim
Eugen Diederichs Verlag, Düsseldorf · Köln
Umschlaggestaltung: Eberhart May
Satz: Lichtsatz Heinrich Fanslau, Düsseldorf
Druck und Bindung: May + Co., Darmstadt
ISBN 3-424-00687-4

Für Billy

»Soll ich's dir erzählen?«
»Was?«
»Soll ich?«
»Was erzählen?« fragte Jan.
»Was willste denn wissen?«
Jan nahm eine Hand voll Erde und ließ sie in seinem Hemdausschnitt runterrieseln.
»Heh!«
»Dann hör doch auf zu blödeln.«
Tom schüttelte seine Hosenbeine. »Das ist gemein. Ich bin ganz sandig.«
Jan ließ ihre Arme über die Schnellstraßen-Einzäunung baumeln. Autos flitzten vorbei wie Pinselstriche. »Wo fahren die hin? Die seh'n so ernsthaft aus.«
»Na«, sagte Tom. »Woll'n wir's mal ausrechnen. Das eine dort fährt südwärts mit, sagen wir, einhundert und zwanzig Kilometern pro Stunde auf einer Kontinentalscholle, die mit etwa fünf Zentimetern pro Jahr ostwärts abdriftet –«
»Hab' ich's doch geahnt –«
»– auf einem Planeten rotierend mit etwa neunhundert und neunzig Kilometern pro Stunde auf diesem Breiten-

grad, mit einer durchschnittlichen Orbitalgeschwindigkeit von dreißig Kilometern pro Sekunde –«
»Wirklich?«
»– in einem Sonnensystem, das sich mit einer durchschnittlichen Geschwindigkeit von fünfundzwanzig Kilometern pro Sekunde bewegt, in einer vermutlich ziellosen Galaxis –«
»Mensch, krieg dich ein.«
»– ziellosen Galaxis, die mit etwa einhundert Kilometern pro Sekunde durch ein Universum saust, das mit etwa einhundert und sechzehn Kilometern pro Sekunde je Megaparsec zu expandieren scheint.«
Jan schaufelte mehr Erde zusammen.
»Die Kurzantwort wär' Birmingham«, sagte er und duckte sich.
Jan sah über die geflutete Sandgrube hinter ihnen nach dem Wohnwagenplatz zwischen den Birken von Rudheath. »Raus damit.« Die Erde war noch immer in ihrer Hand.
»Womit?«
»Was wolltest du mir grad erzählen?«
»Ach das.« Er zog seinen Schuh aus und drehte ihn um. »Es ist wirklich grandig, sandig zu sein. Ich wollt' dir erzählen, wann ich dich das erste Mal gesehen hab'.«
»Wann war das?«
»Als du aus Deutschland zurück kamst.«
»Deutschland?« Die Erde rann ihr durch die Finger. »Deutschland? Wir kennen uns doch schon länger.«
»Aber ich hab' dich nie richtig geseh'n, bis du aus dem Wagen stiegst: Und dann – sah ich dich.«
»Ich war nicht länger weg als vierzehn Tage.«
»Wie war's denn in Deutschland?«

»Ach, wie überall.«
»Ich meine, die Leute, bei denen du gewohnt hast?«
»Das übliche.«
»Also warum fuhrst du?«
»Um zu seh'n, wie's war.«
»Und sie fand, das Land war ebenso hart, ein Yard war ebenso lang – Nein. Sie fand, ein Meter war später –«
»Tom –«
»Ja?«
»Hör auf.«
Er legte seinen Kopf auf ihre Schulter. »Ich würd's nich' aushalten, wenn du jetzt gingst«, sagte er. Sie schlenderten von der Schnellstraßen-Einzäunung weg, eine Sandbank zwischen den Seen entlang.
»›Grandig‹ ist ausgesprochen häßlich«, sagte Tom. »Eine Entstellung von ›grandios‹. Wird sich nich' halten.«
»Ich liebe dich.«
»Was die durchschnittliche galaktische Geschwindigkeit angeht, bin ich mir nich' sicher. Wir gehören mit M31, M32, M33 und 'nem paar Dutzend anderer Galaxien zusammen. Sie sind die nächsten. Was hast du gesagt?«
»Ich liebe dich.«
»Ja.« Er blieb stehen. »Das ist alles, was wir mit Sicherheit sagen können. Wir sind, in diesem Moment, irgendwo zwischen der M6 in Richtung Birmingham und M33 in Richtung Nirgendwo. Geh nicht fort.«
»Ruhig«, sagte Jan. »Is' ja alles in Ordnung.«
»Is' es nich'. Wie haben wir uns nur getroffen? Wie konnten wir das? Zwischen der M6 und M33. Denk mal an die Wahrscheinlichkeit. In all dem Raum, bei all' der Zeit. Ich hab' Angst.«
»Mußt du nicht.«

»Angst zu verlieren —«
»Tust du nicht —«
»Ich gewinn' immer.«
Sie drückte ihren Handrücken gegen seine Wange.
»Sag's mir«, bat er. »Ich hab' den ganzen Nachmittag drauf gewartet.«
Die Schnellstraße röhrte leise. Vögel wellten das Wasser im niedrigen Flug zum weiter entfernten Ried, und dann lag das bleierne Wasser wieder ruhig, stumpfes Licht reflektierte keinen Himmel. Die Wohnwagen und die Birken. Tom.
»Nächste Woche«, sagte Jan. »In Ordnung?« Ihre Fingerknöchel lagen unbehaglich zwischen seinen. »Nächste Woche. Ich fahre nächste Woche.« Sie versuchte, seinen Schmerz zu erreichen, aber seine Augen wollten sie nicht hereinlassen.
»London?«
»Ja.« Zähne zeigten sich durch verzerrte Lippen: Falten von den Flanken der Nasenlöcher: Mißfallens- und Schmerzensfalten. »Und meine Eltern —«
»Das is' 'ne ganz schön fiese Galaxis.«
Sie zog ihn zu sich. »Du bist doch ein Baby.«
»Ja.«
»Sauer.«
»Ich bin nicht sauer. Ich gerat' in Panik. Hab' mich lieb.«
»Mach ich. Ich lieb' dich doch.«
»Für immer.«
»Wie —«
»Lieb' ist nicht Liebe, so sie sich ändert, wenn eine Änderung eintritt.«
»Zitat.«
»Mehr Leute kennen Tom Blödel als Tom Blödel meint.

Das ist gleich noch eins.« Er trat hinter sie und bückte sich, um einen Stein flach über den See hüpfen zu lassen. »Zur einen Seite lag die M6, und zur andern lag ein großes Wasser, und der Platz war voll. Sieben Sprünge! Wetten, daß du nicht mehr als drei schaffst!«
»Wem von euch beiden soll ich denn eigentlich glauben?« fragte Jan.
»Beiden.«
»Wann wirst du endlich erwachsen?«
»Wir wurden schon erwachsen geboren.«
»Ich lieb' euch: euch Idioten.«
Sie gingen um den Wohnwagenplatz herum zur Sandwäsche. Das war ein Turm mit Rutschen, die einen aufgehäuften Kegel mit Sand speisten. Eine Laufplanke führte zur Spitze, über die Rutschen. Auf der Spitze war eine winzige Stahlplatte.
Tom rannte hoch und kletterte auf die Platte. Er erhob sich langsam, suchte erst Gleichgewicht. Der Sandkegel hatte eine perfekte Neigung, eins zu eins. Tom breitete seine Arme aus, neun Meter über dem Boden.
»Wenn du dich nur fallen läßt«, rief er Jan zu, »is' es für die Katz'. Aber wenn du so weit raus springst wie du kannst, dann is' es wie Fliegen, und du triffst ganz unten auch im gleichen Winkel im Sand auf, gar keine Schwierigkeit. Das erste Mal packt's dich. Du mußt dich drauf verlassen.«
Alles hinter sich lassend sprang er durch die Luft und pflügte den Sand mit seinen Hacken.
»Kommste?« Er sah zu ihr hoch.
»Nein, danke.«
»Is' nich' so schlimm wie's aussieht. Oder verträgst du die Höhe nicht?«
»Ich bin nich' gern sandig.«

Sie überquerten den Weg zum Grundstück, auf dem Jan wohnte.
»Das war ziemlich dämlich«, sagte Tom.
»Ich war beeindruckt.«
»Nicht der Sprung. Der war auch dämlich. Aber das andre war schlimmer.«
»Alles schon mal dagewesen.«
»Und kommt auch wieder.«
»Ich weiß.«
»Dämlich und infantil.«
Sie hatten den Birkenwald hinter sich gelassen, waren auf freiem Feld. Zwischen der weißen Rinde flackerten Fernsehschirme in den Wohnwagen.
»Leichen – Kerzen«, sagte Tom.
»Snob. Sie sehen behaglich aus.«
»Sie sind's. Zusammenhocken.«
»Nun schieb's doch nich' auf sie. Ich würd' auch lieber nich' nach London gehen; aber ich will nu' mal Krankenschwester werden. So einfach ist das.«
»Ich wollt' dich nich' abhalten.«
»Nicht?«
»Wir werden uns anpassen«, sagte er. »Du wirst doch auch mal frei haben, auch während der Ausbildung, und du kannst nach Hause kommen. Es geht schnell von London. Ich brauch' dich doch jeden Tag. Allein zu wissen, daß ich dich sehen werde – O mein Gott!«
Zwei Männer stellten in Jans Garten ein Schild auf: »Zu verkaufen«.
»Ich hab' versucht, es dir beizubringen«, sagte sie.
»Niemand macht das mit mir.«
»Niemand macht irgendwas mit irgendwem.«
»Was soll das dann?«

»Ich hab' versucht, es dir beizubringen. Mum und Dad sind einer Einheit in Portsmouth zugeteilt worden. Wir ziehen alle um. Wir sind noch nie irgendwo lange geblieben.«
»Schätze, das is' 'ne ganz schön fiese Galaxis.«
Er zog einen Schlüssel aus seiner Tasche und schloß die Tür auf. Sie gingen ins Haus. Ein rotes Licht brannte am automatischen Anruf-Beantworter. Jan verzog das Gesicht.
»Was ist los?« fragte Tom.
»Mum hat einen Patienten, der jeden Tag anruft. Totaler Unsinn!«
»Andrerseits wohl nicht für ihn.«
»Genau.«
»Wie können sie nur normal bleiben, bei dieser Arbeit?«
»Sie lassen sich niemals selbst mit reinziehen. Übungssache.«
»Aber sie sind immer an der Strippe, besonders mit diesem Ding.«
»Mit dem Beantworter, meinst du? Es gibt 'n paar Patienten, die reden lieber zu 'nem Telefon als zu Mum oder Dad.«
»Ach was!«
»Wirklich. Sie fühlen sich sicherer. Ein Tonbandgerät verlangt nichts von ihnen.«
»Ein Kassetten-Beichtvater.«
»Wenn du so willst.«
»Ein automatisch antwortender Geistlicher. Gott in der Maschine.«
»Sei nicht albern«, sagte Jan. »Das Ding hilft nur zwei Leuten, vielen anderen zu helfen. So sind sie eben immer zu erreichen.«

»Oder nie.«
»Sie haben viel zu tun.« Sie schaltete das Band ein und sprach ins Telefon. »Hier ist Jan. Ich geh' jetzt zum Tee rüber in den Wohnwagen, dann kommt Tom zum Arbeiten zurück.«
»Trefft ihr euch eigentlich mal?« fragte Tom.
»Ich hab' nich' um deinen Kommentar gebeten.«
»'tschuldige.«
»OK. Aber es war nicht komisch.«
»Nein.«
Sie setzten sich ans Kaminfeuer; in den Kohlen glühten Landschaften.
»Schmollst du?« fragte Jan.
»Ich denk' nach.«
»Worüber?«
»Pläne.«
»Geheim?«
»Nein.« Tom befingerte die Steinmetzarbeit am Kamin. »Ich werde diese Hütte vermissen.«
»Ich nicht«, sagte Jan. »Alle unsre Häuser sind freundlich, wo immer wir hinziehen. Dad muß schnell kaufen und verkaufen.«
»Besser als 'n Wohnwagen. Du hast genügend Platz. In jeder Hinsicht. Viel Platz für Enten an den Wänden hier.«
»Du bist ein Snob.«
»Umgekehrt«, sagte Tom. »Als ich zehn war, hab' ich meinem Vater mal 'n Zwerg als Regiments-Maskottchen gemacht: Wochen hab' ich dazu im Kunstunterricht gebraucht.«
»Was passierte?«
»Er löste sich im Regen auf. Aber er war froh drüber.«
»Wirst du denn im Wohnwagen arbeiten können?«

»Nicht so gut wie hier, aber ich werd's schon hinkriegen. Jeder kann Prüfungen bestehen.«
»Ich mach' mir Sorgen. Du bist zu ruhig.«
Er legte seinen Kopf auf das Mauerwerk. »Innerlich bin ich überhaupt nicht ruhig. Komm, gehen wir. Vergiß das Haus. Es ist nur noch eine Wartehalle.«
Die Männer waren fertig mit ihrem Gehämmre.
Im Birkenwald zwischen den Wohnwagen war es dunkel. Leute gingen die Schlackenwege entlang, trugen Eimer. Auf jedem Bildschirm schnellte der gleiche Ringer von den gleichen Seilen in den gleichen Unterarmwurf.
»'ne Aufzeichnung von letzter Woche«, sagte Tom.
Sie erreichten Toms Wohnwagen. Seines Vaters Stutzhekke, Liguster in Munitionskästen gepflanzt, stand quer davor, die Seilgriffe steif von weißer Lackfarbe.
Tom und Jan schleuderten beim Eintreten ihre Schuhe weg. Jetzt konnte man die Menge hören und die Glocke zur fünften Runde.
»Laßt eure Stiefel im Flur«, rief Toms Mutter aus dem Wohnzimmer.
»Schon geschehen. Wie steht's?«
»Eins zu eins. Ein Doppelarmzug und eine eingedrückte Brücke.«
»Ich hab's raus«, sagte er zu Jan. »Es wird hinhauen mit uns. Erzähl's dir später.«
Sie gingen in die Küche. Sein Vater hatte den Tisch gedeckt und schnippste Kopfsalat in ein Dressing.
»Riecht gut«, sagte Jan. »Was is' es?«
»Weinessig und Dill.«
»Mir fällt der Salat immer auf den Fußboden«, sagte Jan.
»Das liegt an der Schüssel. Nimm eine möglichst große: Schaff' dir viel Platz.«

»Ich schätze, Salat bekommt proportional gesehen mehr Raum zugewiesen als ich«, sagte Tom. »Bitte ein Salatkopf sein zu dürfen, Sir.«

»Abgelehnt«, sagte sein Vater.

»Weitermachen, Sergeant-Major«, sagte Tom und ging weg, sich auf seine Koje zu legen.

Durch die Trennwand konnte er den Fernsehkommentar hören, und ein, zwei Meter weiter debattierten Jan und sein Vater über Salat. »Boston-Krabbe paßt nicht zu Kaltem Hummer«, notierte er sich in seinem Physikheft.

Hinter dem Kissen nahm er ein Paar Armee-Kopfhörer hervor, die er mit Gummi gepolstert hatte. Er klemmte sich die Hörer über den Kopf und war wieder für sich. Jan und sein Vater bereiteten den Rest des Salats zu, und er beobachtete sie, als ob sie in einem Aquarium wären. An der Wohnwagenwand hingen, in einem Rahmen, die Kriegsorden seines Urgroßvaters, darunter die seines Großvaters. Die Uniform seines Vaters hing auch dort, bereit zum Dienst, mit dem einen Band für Lange Dienstzeit und Gute Führung – sauber, neu, Karmin und Silber.

Er merkte, wie seine Mutter aus dem Wohnzimmer vorbeikam und in die Küche ging, um sich etwas Speck zu braten. Der Geruch kam durch die Stille. Dann war Jan bei ihm, lächelte, streckte ihre Hand aus. Er nahm die Hörer ab und stieg ins Aquarium.

»Einbeiniger Boston in der letzten Runde«, sagte seine Mutter. »Nach zwei Verwarnungen.«

»Solange der Gegner Schaden nimmt, zählen Verwarnungen nicht«, sagte sein Vater.

Der Hummer lag zerstückelt in einem Bett von Kopfsalat.

»Eigentlich schade, das jetzt wieder kaputt zu machen«, sagte Jan.

»Frag mal den Hummer«, sagte Tom und füllte seinen Teller.
Toms Mutter schnitt die Speckschwarte ab und aß sie.
»Die Nächte werden kälter.«
»Wie Thomas von Becket zur Schauspielerin sagte.«
Jan kleckerte.
»Wie du was?« fragte seine Mutter.
»Wie ist das Dressing?« fragte Toms Vater.
»Wundervoll«, sagte Jan.
»Dann woll'n wir mal sehen, wie du mit dem Wein klarkommst. Die Woche hab' ich 'ne harte Nuß für dich.«
»Du listiger Sicherheitsoffizier«, sagte Tom. »Du hast den Wein decantiert.«
»In der Liebe und im Krieg ist alles erlaubt. Konnte euch doch nich' die Flasche sehen lassen, oder?«
Er goß Tom und Jan den grünlich-weißen Wein ein. Toms Mutter setzte den Kessel auf den Herd, um sich etwas Tee zu machen. »Wag' bloß nich', mit diesem Mann jemals um Geld zu wetten«, sagte Tom. »Er hat extra gewartet, bis wir vom Dressing gegessen haben.«
»Das ist dein mieser Gaumen, Junge. Das Dressing und der Wein müssen gut ausbalanciert sein. Das ist der Trick dabei.«
»Es ist ein Moselwein«, sagte Jan. »Sehr jung. Ich würd' sagen, vom Vorjahr.«
Toms Vater machte große Augen. »Wie hast du das gemerkt? Raus damit: Das war doch nich' geraten.«
»Ich war Ostern als Aupair-Mädchen bei einem Winzer«, sagte Jan. »An der Mosel.«
»Tcha, man kann nich' immer gewinnen. Trotzdem, kein schlechtes Weinchen, wie? Das einzig Gute, was aus Deutschland kommt.«

»Und was is' mit den eisernen Kreuzen, die neben den Orden hängen?« fragte Tom.
»Die hab' ich wahrlich nich' fürs Herumhumpeln bekommen.«
»Erschachert gegen 'n Päckchen Lullen?«
»Mann gegen Mann. Sie oder wir. So ist nun mal unser Haufen.«
Tom wandte sich Jan zu. »Das zählt nicht. Du bist dort gewesen – was ist denn los?«
Jan sprang vom Stuhl auf, ihr Taschentuch vorm Mund.
»Nich' aufs Klo!« schrie Tom ihr hinterher. »Ich hab's diese Woche nich' ausgeleert!«
Jan riß die Tür auf und übergab sich ins Farnkraut.
»Das hast du von deinen ausgefallenen Nachmittagstees«, sagte Toms Mutter. »Naja, früher oder später hat es so kommen müssen.«
Jan kam in den Wohnwagen zurück. »Tut mir leid«, sagte sie. »Könnt' ich wohl 'n Glas Wasser haben?«
»Setz' dich«, sagte Toms Vater. »Ich bring's dir.«
»Danke.«
»Hier, bitte.«
»Macht's Ihnen was aus, wenn ich's draußen trinke? Ich will mir mal den Mund ausspülen.«
»Keine Minute zu früh«, sagte Toms Mutter.
Tom folgte Jan hinaus auf die Stufen und hüllte sie in seinen Anorak. Sie zitterte. Er ging die Stufen hinunter und wendete den Komposthaufen mit einem Spaten.
»Eine der Wohltaten des Landlebens«, sagte er. Er kam zurück zu ihr. »Was war's denn, abgesehen vom Hummer?«
»Bei Fisch erwischt's mich manchmal.«
»Kann man wohl sagen.«

Sie zuckte die Achseln. »Geht schon wieder.«
»Wenigstens hast du menschliche Regungen. Ich dachte schon, du wärst überhaupt nich' beunruhigt wegen nächster Woche.«
»Ich bin ganz schön beunruhigt.«
Toms Vater aß noch zu Ende, aber seine Mutter hatte ihren Tee ins Wohnzimmer mitgenommen.
»Besser?«
»Danke. Manchmal erwischt's mich.«
»Das hätt'st du sagen sollen. Kann ich dir irgendwas anderes machen?«
»Ein Stück Brot wär' schön.«
»Wein?«
»Lieber nich'. Tut mir leid, es war so ein schönes Essen.«
»Wein ist gut bei verdorbnem Magen.«
»Nein, danke.«
»Du hast schon wieder Farbe.«
»Ich trink' deinen Wein aus«, sagte Tom.
»Erweis' ihm ein klein wenig Respekt«, sagte sein Vater, »es ist keine Limonade.«
»Auf die glorreiche deutsche Traube.« Tom erhob sein Glas.
»Cider ist am schlimmsten«, sagte sein Vater.
Tom und Jan räumten den Tisch ab.
»Man spürt ihn noch den nächsten Tag in den Knochen. Sobald man irgendwas trinkt – Tee, Milch, Wasser – ist man wieder blau wie vorher. Übel.«
»Schäferstündchen«, sagte Jan. »Alle alten Herrschaften ins Wohnzimmer.«
»Gut, ja«, sagte Toms Vater. »Und denk' dran.« Er schloß die Küchentür hinter sich.

Tom goß den letzten Rest Wein ein. Er barg sein Gesicht ins Jans Haar. Sie trat zurück.
»Stimmt was nich'?«
»Ich kann Alkoholgeruch nich' ausstehen«, sagte sie.
»Trink was, dann merkst du ihn nicht.« Sie schüttelte den Kopf. »Selber schuld.« Er leerte das Glas.
»Waschen wir ab.« Jan streifte sich Gummihandschuhe über und ließ heißes Wasser in die Spüle. Tom nahm ein Handtuch.
»Irgendwas beunruhigt deinen Vater. Er war nicht er selbst.«
»Nicht? Hör mal, ich hab's genau raus. Mit dem, was du verdienst und dem, was ich schnorren kann, sollten wir uns doch, sagen wir, einmal im Monat treffen können. In Crewe.«
»Warum nicht hier? So viel weiter ist das auch nich'.«
»Nach Crewe geht's schneller, und wir vergeuden keine Zeit, die wir zusammen verbringen könnten. Und keine Möglichkeit, sich zurückzuziehen, hier. Wir könnten nicht miteinander reden. Wenn du's Samstags einrichten kannst, sind die Geschäfte offen und wir haben's warm.«
»Ich hab' Crewe noch nie romantisch finden können.«
»Das wirst du schon noch. Das wird die fabelhafteste Stadt der Erde sein.«
Jan gab ihm einen Teller zum Abtrocknen. »Phantastisch«, sagte sie.
Die Küchentür ging auf, und Toms Vater erschien.
»Äh...«
»Ja?« sagte Tom.
»Meine Brille.«
»Neben der Glotze«, sagte Jan.
»Oh. Fühlste dich besser?«

»Sauwohl.«
»Gut.« Er ging hinaus.
»Da is' ganz bestimmt was nich' in Ordnung«, sagte Jan.
»Er ist verlegen. Und horch: Sie streiten sich.«
»Wann denn mal nich'? Tut mir leid, daß ich an der Schnellstraße in Panik geraten bin. Wir werden klarkommen. – Ich frag' mich, warum Säue sich immer wohl fühlen.«
»Hast du nicht auf ihn geachtet?«
»Nein. Wir werden klarkommen in Crewe. Du kannst 'ne billige Rückfahrkarte nehmen.«
»Hör doch!« Sie hielt ihn bei den Schultern. Wärme drang langsam durch, Seifenblasen schlugen Regenbogen auf sein Hemd.
»Du bist wundervoll«, sagte er. »Deine Augen sind wie pochierte Eier.«
»Tom hör doch. Irgendwas stimmt da nicht – was hast du gesagt?«
»Pochierte Eier. Rund und bedeutungsvoll. Ich verehre sie.«
Jan lachte und weinte an seiner Brust und drückte ihn an sich. »Du lieber verdammter Idiot. Was soll ich bloß machen?«
»Laß das Fluchen. Es erniedrigt dich. Pochiert ist nicht das gleiche wie hart gekocht. Ich liebe dein Gesicht.«
»Ich liebe dich.«
Die Küchentür ging auf. Toms Mutter stand da, ohne den Blick abzuwenden. Sein Vater war neben ihr.
»Kann man hier nich' mal einen Augenblick für sich sein in diesem Campingsarg?« fragte Tom.
»Deine Mutter und ich haben dir was zu sagen. Euch beiden.«

»Was denn?«
»Im Wohnzimmer.«
»Heut' is' Sonntag, Sergeant-Major. Wir haben die Küche, ihr habt das Wohnzimmer.«
Jan ging voraus zum anderen Ende des Wohnwagens. Toms Vater drehte den Ton am Fernseher ab.
»Scheint was Ernstes zu sein«, sagte Tom.
»Halt den Mund«, sagte Jan.
»Setzt euch – dort bitte. Auf dem Sofa.«
Sie setzten sich. Toms Vater ging zum Fenster und linste hinaus, halb dem Raum zugekehrt, die Hände hinter dem Rücken. »Rührt euch!« sagte Tom. Seine Mutter placierte eine Backe auf einer Stuhllehne und baumelte mit dem Fuß.
»Ich wollte fragen –«
»Was?«
»Ich wollte dich und Jan fragen –«
»Was?«
»Es steht euch doch ins Gesicht geschrieben«, sagte seine Mutter.
»Deine Mutter und ich – wollen gern wissen, ob ihr uns nicht irgendwas zu sagen habt.«
»Was gibt's denn für 'n Problem?« Tom streckte seine Hand nach Jan aus. Sie nahm sie.
»Wir glauben –«
»Alle beide?«
»Laß!« sagte Jan.
»Ich versuch' nur, zweckdienlich zu sein«, sagte Tom.
»Verflucht zweckdienlich.«
»Hüte deine Zunge!« sagte Toms Mutter.
»Sie würd' ziemlich blöd aussehen dabei.«
»Hör auf, sie zu verarschen«, flüsterte Jan.

»Ich hab' das gehört!«
»Also noch mal«, sagte sein Vater.
Tom öffnete den Mund, aber Jan stieß ihn an.
»Deine Mutter und ich. Wir fragen uns, ob ihr irgendeine Gelegenheit hattet, was zu tun, dessen wir uns für euch schämen müßten.«
Tom starrte auf die verstummten Werbespots im Fernsehen. Ich trag' meine Hörer, bitte, ich trag' meine Hörer.
»Nun?«
»Würde es dir was ausmachen, die Frage auf Englisch zu wiederholen?«
»Du hast mich verstanden!« Sein Vater schrie: Er konnte ihn sehen.
»Ja. Haben wir.«
»Was hab' ich dir gesagt?« sagte seine Mutter.
»Was hat sie denn gesagt?«
Ein stummer Junge schüttelte geräuschlos Cornflakes in eine Schüssel aus Licht und lächelte.
»Wann?« fragte Toms Vater. »Wann habt ihr?«
»Wann haben wir was? Sieh mal, Sergeant-Major, ich muß heut' Abend noch durch 'n ziemlichen Haufen Arbeit durch –«
»Wann habt ihr Gelegenheit gehabt –«
»– was zu tun, dessen ihr euch für uns schämen müßt? Letzten Samstag.«
»Was?«
»Wir sind mit dem Bus nach Sandbach gefahren, ohne zu bezahlen.«
»Was kratzt die denn?« sagte Jan auf Russisch zu Tom.
Tom stand auf. Er bebte. Es gab keine Kopfhörer, er sprach klar und deutlich.
»Meine Eltern versuchen zu artikulieren – oder genauer

gesagt, meine neugierig-lüsterne Mutter zwingt meinen schwachen Vater, in ihrem Namen herauszubekommen, wo, wann und vor allen Dingen wie wir, also du und ich, uns selbst durch sexuellen Verkehr gegenseitig erklärt haben. Hab' ich recht? Daddy?«
Sein Vater klammerte sich an seine seitlichen Hosennähte; er schwankte als ob er umfallen würde.
»Was hab' ich dir gesagt?«
»Ja, was hat sie dir gesagt?«
Sein Vater nahm sich zusammen. »Wir haben Klagen gehört.«
»Klagen?«
»Es wurde geredet.«
»Geredet?«
»Ja.«
»Von wem?«
»Nachbarn.«
»Könnten wir wohl ihre Namen erfahren?«
»Ganz egal wer«, sagte seine Mutter. »Wir haben's gehört und gesehen. Euch beide: Wie ihr immer rumlauft, eng umschlungen: Und euch küßt und so.«
»Küßt und was?«
»Und – so.«
Kopfhörer.
»Und daß ihr immer in dem Haus da drüben allein seid. Wissen das ihre Eltern?«
»Natürlich«, sagte Jan.
»Dann sollten sie was bessres wissen.«
»Als was?«
»Als euch in ihrem eignen Heim Gelegenheit zu gewissen Dingen zu geben.«
»Es ist der einzige Platz«, schrie Tom, »wo ich je arbeiten

konnte ohne dein Plappern: dein Sabbern: Haach, das Wetter! Der einzige – Halt deine Bücher sauber! Jan hat als Erste«, seine Augen waren geschlossen, »was in mir gesehen. Alles in mir. Wert. Alles.« Er rammte sich die Rükken seiner Fäuste ins Gesicht, zerrte seine Augen auf.
»Ich beabsichtige nicht, unsre Beziehung, oder sonst damit zusammenhängende Themen, über diese Erklärung hinaus zu diskutieren. Ich will für mich sein, Sergeant-Major. Sergeant-Major will ich für mich sein –« Er wollte lachen, doch das Zittern erreichte seine Kehle. Groß wie sein Vater stand er da, aber gebrochen.
»Du große Heulsuse«, sagte sein Vater.» Du bist soviel wert wie ein Ofen aus Holz.«
»Hat Tom recht?« fragte Jan. »Und wollten Sie das erreichen?«
»Was nich' reden kann, kann nich' lügen«, sagte seine Mutter. »In dem kann ich doch wie in 'nem Buch lesen!«
»Sie alte Kuh! Sie denken, wir haben's miteinander getrieben, nicht wahr?«
»Junge Frau, ich hab' dir schon mal gesagt, du sollst deine dreckige Zunge hüten.«
»Sie haben Angst«, sagte Jan. »Angst, daß wir das machen, was Sie gemacht haben, als Sie die Gelegenheit zu hatten. Und wenn wir's nu wirklich gemacht haben? Wer sind Sie denn, uns Gardinenpredigten zu halten? Ich wette, Sie haben zu Ihrer Zeit auch einiges Gras plattgedrückt.«
Tom rannte aus dem Zimmer.
»So redet man nicht!«
»Verzeihung, Sergeant-Major. Wollen Sie mich entschuldigen? Ich muß mal sehen, wie's Tom nach ihrer Heldentat geht.«

»Vom ersten Augenblick an hab' ich über dich Bescheid gewußt«, sagte Toms Mutter. »Kalt den Rücken is' es mir runtergelaufen. Und unser Junge. Empörend, was du mit ihm angestellt hast. Steht da und weint sich die Seele aus dem Leib. Kann seiner eignen Mutter nich' mehr ins Gesicht kucken. Kann's nich' leugnen: Sogar seine ausgefallnen Wörter lassen ihn im Stich.«
»Ach, piß ab, Mensch«, sagte Jan und schmiß die Tür zu.
Sie fand Tom über die Spüle gelehnt, den Kopf auf seinen Armen gegen das Fenster. Das Schluchzen kam aus seinem Magen, erschütterte den ganzen Wohnwagen. Sein Ärmel hatte einen durchsichtigen Strich über die beschlagene Scheibe gezogen, und sein riesiger Schatten lag draußen auf dem Wald, wie ein Loch im Raum zwischen den weißen Birken.
Jan legte ihre Arme um ihn, streichelte ihn, küßte ihn, »Is' ja schon gut, is' schon gut«, aber seine Zuckungen beim Weinen schüttelten sie, konnten nicht gebändigt werden.
»Wie können sie's wagen –?«
»Ruhig, Liebster, is' ja schon gut.« Beide Wasserhähne waren völlig verbogen, aber Toms Hände zeigten keinerlei Spuren. »Is' ja gut, ich bin hier.«
»Wie können sie's wagen, uns – wie können sie – wie können sie's wagen, uns zu –?« Er presste seine offnen Handflächen sacht aber unnachgiebig gegen die Fensterscheibe, so daß diese ohne Splittern zerbrach, und das Glas fiel erst zusammen, als er seine Hände wegnahm.
»Tom!«
Er hielt die Scherben wie zerstoßenes Eis. Flache, bleiche Linien liefen kreuz und quer über seine Haut. Er fühlte nichts.

Der harte, glatte Schrecken saß in ihm. Er sah die Birken geschnitzt, verbogen zu Formen, die nicht Bäume waren, sondern Menschen, Tiere; und die Härte und der Schrecken waren blau und silbern an den Rändern seines Blickfelds. Er öffnete seinen Mantel, und Logan sah, wie er mit etwas Glattem zwischen seinen Händen auf die Wache einhieb. Die Wache fiel, und Macey sprang vom Weg zum Graben.

»Folgt dem Kid!« schrie Logan. »Vorwärts!«

Sie stürzten auf den Wald zu. Logan schnappte sich den Zügel eines Packesels. Die Luft trommelte und zischte Pfeile. Das Gepäck des Maulesels wirkte als Schild, aber Logan stolperte auf freiem Feld über Männer.

Macey war hinter einer Birke und wischte seine Hände an einem paar Lappen ab, wickelte sie zusammen, stopfte die Lappen unter seinen Mantel.

»Los, weiter, Kid!«

»Nein«, sagte Macey. »Stop. Auch die andern.«

»Vorwärts!«

»Nein.«

Die Wachen waren immer noch auf dem Weg. Sie waren ihnen nicht gefolgt.

Macey ging zum Rand des Wäldchens. »Dies«, rief er über den Graben, »gilt für alle, im Namen des Hüters dieses Platzes.«

»Treib's nich' zu weit«, sagte Logan.

»Sie werden ein Heiligtum nich' anrühren«, sagte Buzzard.

Logan sah sich zwischen den bearbeiteten Bäumen um.

»Wo sind wir?«

»Rudheath.«

»In 'nem Heiligtum der Katzen«, sagte Face.

»Un' Katzen sind doch unsere Verbündeten«, sagte Magoo.
»Die Gegend hier rum is' Bundes-Land«, sagte Buzzard.
»Bundes-Scheiße«, sagte Magoo. »Katzen sind Katzen.«
»Ich trau niemand hinter Crewe«, sagte Logan. »Weiter in den Wald rein!«
Sie zogen sich zurück, bis sie die Wachen und den Weg aus den Augen verloren.
»Wie sicher is 'n so'n Heiligtum?« fragte Logan.
»Hängt von der Stärke der Katzen ab«, sagte Face, »und was die sich da vorstellen, wieviel die Armee zahlt, uns zurückzukriegen.«
»Der Weg muß 'n Stück vom Heiligtum abgeklemmt haben«, sagte Buzzard. »Schätze, die Armee wird nich' sehr beliebt sein.«
»Wir brauchen Waffen«, sagte Magoo. »Aufm Esel is' nichts.«
»Sieh zu, ob du bei den toten Kerls was findest«, sagte Logan. »Vielleicht gibt's da 'n Messer, oder so.«
»Davon hätten wir aber was«, sagte Face.
»Für den Anfang reicht's.«
»Heh«, sagte Magoo, »womit hat's eigentlich Macey der Wache gegeben?«
»Nichts!« sagte Macey. Er saß neben einem Baum. Die Lappen waren vollgesaugt vom Schweiß seiner Hände. Das Harte hing, in Fetzen gewickelt, an seiner Schulter, unter seinem Mantel. Zum ersten Mal war ihm das Gewicht schwer, schwerer als alles andre.
»Ach komm schon, du Einfaltspinsel.«
»Er sagte nein.« Logan beobachtete die Männer.
»Was werden wir tun?« fragte Face.
»Soldat sein«, sagte Logan. »Wir sind die Neunte.«

»Es gibt keine Neunte«, sagte Face. »Warum machen Sie weiter, als wären wir nicht aufgelöst worden?«
»Ich scher mich keinen Deut drum, was so ein dahergelaufener Maurer tut, bloß weil er denkt, er kann 'ne Armee befehligen. Soll er doch seinen gottverdammten Wall bauen, mit dem Rest seiner Trottel, aber wir sind immer noch die Neunte und keine Steinklopfer. Richtig?«
Sie sahen einander an und blickten dann auf das Heiligtum.
»Ja.«
»Ich bin doch der Rangälteste hier, oder?« fragte Logan.
»Gut. Wir sind wieder im Dienst. Es gilt militärische Disziplin. Face und Buzzard, schaut euch mal um. Worauf wartest du?« sagte er zu Magoo.
Macey wirkte schwerfällig, saß da in seinen Mantel gehüllt. »Meine Kameraden«, sagte er.
Logan band den Maulesel an. »Ganz schön clever, Kid. Ich hab' wirklich gedacht, du hätt'st deinen Flip.«
Macey sah zu ihm auf. Er schien erschrocken zu sein.
»Wir wären alle weg gewesen, wenn du das Ding nich' benutzt hättest.«
»Sie haben's nich' gesehen.«
»Ich hab' genug gesehen.«
»Sie dürfen's nich' sehen.«
»War doch'ne Steinaxt, von früher.«
»Nein. Die werden doch niemals benutzt.«
Logan streckte seine Hand aus. »Ich würd's sehr zu schätzen wissen –«
»Nein. Aber ich mußte doch. Ihr seid meine Kameraden. Nich' für mich. Für meine Kameraden.«
»Klar, wir sind deine Kameraden. War schon OK. Mach dir keine Sorgen.«

»Glänzende Kameraden. Alles glänzende Kameraden.«
»Du hattest recht, Kid. Ich hab' nichts gesehen.«
»Ich aber.«
»Was denn?«
»Blau. Silber. Und Rot.«
»Was is' mit dem Blau und Silber? Hast du sowas schon mal gehabt?«
»Als kleines Kind. Schmerz. Aber dann war's – Hölle nochmal, gibt keine Worte für.«
»Als wenn du deinen Flip hast?«
»Hatt' ich aber nich'«, sagte Macey. »Blau und Silber – hat mir so 'n Schiß gemacht, weiß gar nich', was dann kam. Hat sich verwandelt. Aber als – dieser Kerl – hab' ihn hier getötet – als ich ihn getötet hab' – auf dem Weg – Blau und Silber – bin ich ausgerastet – aber ich konnt' ihn sehen, was ich tat – aber da waren zwei Hände – drückten gegen mich – von ganz weit weg gegen meine Augen – und dann nahe – und dann nirgendwo – groß wie nur überhauptwas. Sir, ich glaub' nich', daß ich dieser Einheit noch für irgendwas gut bin.«
Magoo tauchte zwischen den Bäumen auf. »Nichts«, sagte er. »Und die Wachen sind weg.«
»Abgehauen, zurück nach Chester«, sagte Logan. »Ich würd' ja gern ihren Bericht sehen!«
»Kann mir nicht vorstellen, daß die noch einen machen werden. Sir.«
»Warum?«
Magoo lächelte und ging zurück zum Weg. Logan folgte.
»Sie haben die Leichen mitgenommen.«
»Mein' Sie?« sagte Magoo.
Sie standen am Weg. Er war leer und gerade, das übersichtliche Gelände zu beiden Seiten verbarg niemanden.

Auf dem Weg floß immer noch Blut. Es stand in Pfützen, an die hundert Meter weit. Die Wachen hatten versucht, wegzurennen. Keiner von ihnen war übriggeblieben.
»Hast du was gehört?« fragte Logan.
»Nein.«
»Also was?«
»Wir sind hinter Crewe. Wie Sie schon gesagt haben.«
»Zurück zum Heiligtum. Rasch.«
Als sie den Graben überquerten, kam Buzzard ihnen eilig entgegen. »Sir! Face und ich: Wir haben die Opferstätte gefunden. Hier könn' wir nich' bleiben.«
»Hinführen!« sagte Logan.
Sie gingen in den Birkenwald. An jeden Baum waren Lappen gebunden: Auf einer Lichtung gelangten sie an eine Quelle, um die herum Menschenschädel als Opfergaben lagen.
»Welcher Stamm?« fragte Logan.
»Katzen.«
»Aber die Bäume sind doch Totems der Katzen.«
»Sehen Sie sich die Quelle an, Sir.«
Das Wasser trat oberhalb einer Lehmschicht aus; aber kürzlich, so kürzlich, daß die Erde noch nicht bröcklich war, war die Böschung ausgestochen worden, damit sie einen Stein halten konnte, durch den jetzt das Wasser lief, und die Vorderseite des Steins war zu einer Schlange gemeißelt, mit geöffnetem Mund.
»Was ersiehst du draus?« fragte Logan.
»Nich' älter als 'ne Woche«, sagte Magoo und drehte einen Schädel zwischen seinen Händen. »Der Stein ist jung.«
»Neu geweiht«, sagte Buzzard. »Von den Müttern. Sie ziehen nach Süden.«
»Posten ausstellen! Alarmbereitschaft!« sagte Logan.

»Aber bitte Beeilung!«
»Jawoll, Sir!«
Sie brachten Macey und den Packesel.
»Alternative Auswertung?« fragte Logan.
»Keine, Sir«, sagte Buzzard. »Diese Schlange stammt von den Müttern, und die Köpfe waren mal Katzen.«
»Ob sie in der Nähe sind?«
»Unwahrscheinlich«, sagte Face. »Sie haben Angst vor ihren eignen Heiligtümern. Sie werden kommen, wenn sie 'n paar Katzen zu opfern haben.«
»Du und Magoo, ihr schiebt Wache«, sagte Logan, »und nun sperrt mal alle eure Ohren weit auf. Die Wachen sind niedergemacht worden, und möglicherweise nich' von Katzen. Die Mütter sind in den Süden gekommen. Sie überfallen die Katzen, wo immer sie sie treffen, und beide Seiten peitschen uns den Arsch durch, wenn wir sie lassen. Lösungsvorschläge!«
»Das Übliche«, sagte Face. »Teilen und Herrschen. Die Infrastruktur treffen.«
»Korrekt. Alles klar? Wir ziehen uns zurück, bis wir vor den Müttern sicher sind, dann gehen wir als Eingeborne.«
»Was wird mit Ihnen, Sir?« fragte Buzzard.
»Mach' dir mal darum keine Sorgen. Ich weiß genug, um klar zu kommen, aber wenn die Dinge sich hier stabilisieren, werden wir uns für einen Dialekt entscheiden müssen.«
»Es gibt nur einen«, sagte Magoo und lachte. »Wer hätte gedacht, daß die Neunte mal als 'n Haufen verwichster Mütter enden würde!«
»Wir sind immer noch die Neunte«, sagte Logan, »aber wir führen einen anderen Krieg.« Er zog die Schlange aus dem Mund der Quellöffnung und zerbrach sie. Die Stücke

ließ er so, wie sie lagen. »Vergrabt die Schädel. Dann vorwärts! In Schützenkette! Süd-Ost. Wenn sich jemand zeigt: umlegen.«
»Womit denn?« fragte Buzzard.
»Mit was auch immer. Wir führen einen anderen Krieg. Du hast eine Chance, wenn du auf Draht bist, und es gibt nur eine Möglichkeit, um wirklich sicher zu gehen, daß man dich nich' drankriegt. Das gilt von jetzt ab für immer.«
»Alles Kameraden: Alles was wir haben«, sagte Macey.
»Alles was wir brauchen.«
»Womit hast du's der Wache gegeben?« fragte Magoo. »Ich bin fünf Jahre lang mit dir marschiert und hab's nie gesehen. Was war das?«
»Nein«, sagte Macey und legte sich die Arme um den Leib.
»Ach, sei nich' so. Wir sind doch deine Kameraden, du Einfaltspinsel.« Er versuchte, mit ihm zu ringen.
Logans Stiefel fuhr herunter auf Magoos Handgelenk.
»Ich bring jeden um, der sich an Maceys Sachen wagt. Keine Widerreden. Ein militärischer Befehl. Verstanden?«
»Verstanden«, sagte die Neunte.
Sie zogen sich langsam zurück, verbargen ihre Spuren. Buzzard führte, Macey hielt den Maulesel, und Logan deckte von hinten. Sie marschierten stramm in den tiefen Wald hinein, abseits vom Wege. Es war still im Wald, als ob das Heiligtum mit ihnen zog.
Sie hielten am Rand eines steilen Flußtales. »Die Dane«, sagte Buzzard. »Man kann sie durchwaten.«
Face kletterte auf einen Baum. »Richtung stimmt«, sagte er, als er wieder unten war. »Das Heiligtum liegt auf drei-fünf-null, und ein Berg auf eins-drei-null, schätzungsweise elf Klemm weit. Aber wir müssen nach Süden ab-

schwenken, um Städte zu vermeiden. Die werden voller Katzen sein, die jetzt alle Schutz haben wollen; also besser aufpassen, wenn wir den Sandbach-Weg überqueren. Da wird starker Verkehr sein.«

»Beschaffenheit des Berges?« fragte Logan.

»Einzelner Gipfel«, sagte Buzzard. »Mow Cop. Kammverlauf nach Norden. 'ne Schlucht bei Bosley, wo Katzen vom Bund die Erlaubnis haben, ein Lager zu befestigen. Halt's für ideal, aber kalt, Sir.«

»Wir würden sie kommen sehen.«

»Militärisch stark, gutes Wasser, aber schwer exponiert.«

»Klar«, sagte Logan. »Jetzige Richtung beibehalten. Sandbach-Weg überqueren, dann abschwenken zum Mow Cop. Und ich will 'n Katzen-Dorf haben, bevor's dunkel ist.«

»Wir könnten Mow Cop noch bei Tageslicht erreichen, Sir.«

»So einfach ist das nicht.«

»Ein wie großes Dorf, Sir?«

»Groß genug, um uns auszurüsten und wieder nicht zu groß, damit wir's einnehmen können.«

Sie überquerten alle Pfade, folgten keinem.

»Mow Cop auf acht-null«, sagte Face, »zehn Klemm. Und ich hab' Rauch gerochen: Wind aus eins-sieben-null.«

»Feststellen«, sagte Logan zu Buzzard.

Buzzard stieg auf einen Baum. »Von 'ner Siedlung«, sagte er.

»Kein Überfall?«

»Negativ.«

»Entfernung?«

»Schätzungsweise drei Klemm.«

»Den Maulesel fesseln und die Augen verbinden«, sagte

Logan zu Macey. »Magoo, Face, seht euch mal das Dorf an. Was da zu holen is', mein ich. Bevor's duster is', krieg ich Meldung.«
»Jawoll Sir.«
»Fühlst dich wohl, Kid?« fragte Logan.
»Ich denk' schon.«
»Wir werden auf dich angewiesen sein. Deine Kameraden. Du wirst doch nich' kneifen?«
»Ich hoffe nicht, Sir.«
»Hau dich hin: Buzzard und ich beziehen Posten.«
»Was planen Sie?« fragte Buzzard.
»Weiß noch nicht«, sagte Logan.
»Mußten Sie die Schlange zerbrechen? Klar, es waren Mütter, aber ich hätt' nie gedacht, daß Sie Gottheiten schänden. Sogar Magoo war schockiert. Die Infrastruktur treffen, gut, aber in der Neunten haben wir immer gesagt, Logan —«
»In der Neunten sagen wir noch immer!«
»Bitte?«
»Wir sagen noch immer, wir denken noch immer, wir tun noch immer. Die Neunte funktioniert.«
»Jawoll Sir.«
»Könnte überzeugender kommen.«
»Ich wollt' nur feststellen«, sagte Buzzard, »wenn wir wirklich die Neunte sind, sind wir unterbesetzt.«
»Ich kann nich' schlafen, Sir«, sagte Macey.
»Lieg still: Ruh dich aus.«
»Was haben Sie vor?« fragte Buzzard.
»Weiß noch nicht«, sagte Logan.
Face und Magoo kamen zurück.
»Kleine Ansiedlung«, sagte Face. »Ich war schon mal da. Heißt Barthomley. Katzen. Eine Rundhütte: zwei drei

andre: schätzungsweise zwanzig Mann plus Familien. Auf 'nem kleinen Hügel gelegen, am Fuß nördlich davon 'n Bach, heißt Wulvarn. Ein Tor, geschlossen und bewacht: einfacher Graben und Palisaden. Vier Wachen zusammen. Der Graben mit grünen Dornbüschen.«
»Verhalten?« sagte Logan.
»Nur defensiv.«
»Gedrillt?«
»Negativ.«
»Kriegen wir hin«, sagte Magoo. »Wenn wir die Zeltbahn über die Dornen werfen, sind die Palisaden nur noch drei Meter.«
»Is' klar«, sagte Logan.
Sie führten den Maulesel bis auf weniger als einen halben Kilometer an die Siedlung heran, dann befahl Logan zu halten. Es war eine Nacht mit hellem Mond.
»Buzzard, du gehst jetz' da rein und kommst mit 'nem Schwert wieder zurück.«
»Soll wohl 'n Witz sein?« sagte Buzzard.
»Los!«
Buzzard zögerte.
»Ein Schwert«, sagte Logan.
Er war eine Stunde fort. Die Klinge war lang.
»Du kannst damit umgehen?« sagte Logan zu Macey.
»Denk schon.«
»Sir«, sagte Buzzard, »mit den Katzen, das geht doch leicht. Sind Bauern. Wer braucht da Macey? Rufen Sie »Mütter!« über den Zaun, und die fallen tot um.«
»Gut«, sagte Logan. »Aber wir machen dies' Dorf nieder mit Eingebornen-Waffen, OK? Ich stell' mir vor, wenn die Neunte überleben will, muß sie verschwinden. Man wird das da nicht uns zuschieben. Wir werden Verwü-

stung und Interdikt auf die Spitze treiben. OK?«
Magoo grinste. »Einsame Spitze!«
»So wird's ablaufen:« sagte Logan. »Macey kriegt seinen Flip. Wir dringen übers Zelt ein und ziehen's hinter uns her. Wenn wir auf ihre Vorposten stoßen, muß Macey wieder vier oder fünf umlegen. Wir ergreifen Besitz und eliminieren dann. Resultat: Ein Überfall, der den Müttern zugeschoben wird, und wir haben die Sachen, die wir als Eingeborne brauchen. Für die Neunte wird's keinen Fehlschlag geben; aber wenn wir's vermasseln, muß sich jeder um seinen eigenen Arsch kümmern. Fragen?«
»Wir haun dieses Dorf zusammen«, sagte Buzzard.
»Korrekt.«
»Und sie wissen nicht, daß wir's sind.«
»Sie wissen's«, sagte Logan. »Aber nur sie.«
»Kinder, Frauen.«
»Klär'n Sie ihn auf«, sagte Magoo.
»Ich hab' euch erklärt«, sagte Logan, »daß wir einen andren Krieg führen.«
»Ich kann dabei nich' so kalt sein«, sagte Buzzard.
»Du wirst nicht kalt bleiben«, sagte Magoo.
Macey konnte kaum laufen. Logan und Face nahmen jeder einen Ellenbogen, um sein Zittern zu beruhigen. Logan hielt das Schwert.
»Du wirst gleich OK sein, Kid. Jetz' is' es am schlimmsten. Du bist doch bei deinen Kameraden.«
Das Dorf war nur eine Einfriedung auf einem langen, niedrigen Hügel oberhalb eines Baches.
»Wie ist das Wasser?« fragte Logan.
»Klar«, sagte Face. »'ne Kloake auf der andern Seite. Ich schlag' vor, wir brechen nah' beim Tor durch.«
»Einverstanden«, sagte Logan und ließ Macey auf den Bo-

den nieder, der den Schwertgriff zwischen seinen Händen hielt wie ein Kind ein unbekanntes Spielzeug.
»Warum versuchen wir's nich' erstmal auf die einfache Tour?« fragte Buzzard. »Bitten wir sie doch, uns reinzulassen.«
»Spinnst du?« sagte Magoo.
»Nein, aber Macey. Und wenn er loslegt, is' er nich' grad einer der Ruhigsten.«
»Stimmt«, sagte Magoo.
»Wir haben nur den Vorteil, sie zu überraschen«, sagte Face.
»Sie haben keine Ahnung«, sagte Logan.
»Ich war drin«, sagte Buzzard. »Sie wollen keine Schwierigkeiten, aber sie sind ziemlich verängstigt.«
»Und dadurch sind sie eben gefährlich«, sagte Face.
»Geh hin, sprich mit ihnen«, befahl Logan Buzzard. »Sag, wir sind 'ne Patrouille, und wir haben einen Verwundeten. Das deckt Macey ab. Aber laß sie nich' das Tor öffnen. Sag, es sind Mütter in der Gegend.«
»Möglich, daß Sie da keinen Witz machen«, sagte Magoo.
»Geh mit ihm mit«, sagte Logan, »und sowie Macey über die Dornen rüber ist, ziehst du mit Buzzard das Zelt rein. Is' es aufgefaltet?«
»Jawoll Sir.«
Sie gingen durch den Wald, dem Lager entgegen.
Face legte ein Geschirr um Maceys Schultern, mußte ihn dabei aufrecht gegen einen Baum lehnen. Logan zog das Leder bis zu Maceys Ellenbogen. »Bleib dicht hinter dem Baumstamm da«, sagte er.
»Darauf könn' Sie wetten«, sagte Face.
»Was willst du als Licht, Kid?« fragte Logan. »Da ist der Mond.«

»Nein.« Macey wand sich.
»Ruhig Blut!« sagte Logan. »Noch nich'. Wir müssen Licht haben. Wär'n die Sterne OK?«
»Ja.«
»Gut, guck mal da, Kid! Wenn das nich' der alte Orion da oben am Himmel ist! Kannst du seinen Gürtel sehen? Drei helle Sterne. Welcher von diesen hübschen kleinen Sternen willst du sein?«
Stimmen, keine lauten, kamen vom Lager.
»Gar nich' beachten«, sagte Logan. »Du suchst dir einen hübschen blinkenden Stern aus Orions Gürtel aus. OK?«
»OK.«
»Welchen?«
»– Mintaka.«
»Mintaka. Gut. Jetzt paßt du schön auf den alten Mintaka auf, daß der Hurensohn nich' abhaut.«
Logan nahm aus seinem Mantel ein kleines Rad von einem Pferdegeschirr. Es wurde zwischen zwei Zinken gehalten wie das Rädchen eines Sporns.
»Guck weiter auf Mintaka: Und halt jetzt das Schwert ganz fest.«
Face griff sich das Geschirr und preßte Kopf und Körper gegen die abgewandte Seite des Baums. Logan ließ das Rad wirbeln, das Sternenlicht flackern. In vertrautem Takt strich er den Radkranz, gleichmäßig drehten die Speichen, und ihre unsichtbaren Schatten ließen Maceys Auge blinzeln.
Die Stimmen beim Lager stritten, aber es gab keinen Alarm.
»Los Macey. Mintaka, Baby. Los Kid!«
Macey bebte.
»Los Baby, los.« Die Hand streichelte, das Rad wirbelte.

»Los Baby!«
Face blickte finster auf Logan, und ratlos.
»Mintaka. Mintaka. Bleib locker, Kid. Du mußt es schaffen.«
Maceys Auge war offen. Logan hörte auf zu reden. Der Klang zwischen ihnen kam vom dünnen Ring des Rades.
»Mintaka, Baby.«
Macey sank im Geschirr zusammen, sein Kopf hing herunter.
»Ich bring's nich'.« Er weinte. »Ich schaff' den Flip nich'.«
»Los, ab zu den andern«, sagte Logan zu Face. »Haltet euch bereit.«
»Aber er –«
»Geh schon.« Logan wand sich das Geschirr um die eigne Hand und legte das Rad beiseite. »Geh schon.«
»Sir, ein Mann reicht für ihn nich' aus.«
»Ich befehl's dir.«
Face zog sich zurück, bis er verschwunden war.
»Woran fehlt's denn, Kid? Willstes mit 'm Mond versuchen?«
»Die Schneide der Mond-Axt«, schluchzte Macey.
»Ja! Das sind deine Worte, Kid! Jetz' erinnerst du dich!«
»Ich bin der Eine, den die Mond-Axt schont –«
»Prima! Prima!«
»Nein, Sir. Ich schaff' den Flip nich' ohne Axt nich', ohne glatte harte Axt nich'. Nicht jetzt.«
»Aber sicher, Kid. Bleib locker. Du hast doch die uralte Axt.«
»Sie spricht nicht mehr zu mir.«
Logan biß auf das Geschirr, seinen Blick auf das Glimmen des Lagers gerichtet. Maceys Kopf war jung.
»Du kannst nich' flippen?«

»Nich' richtig, Sir.«
»OK«, sagte Logan. »Keine Neunte mehr. Keine glänzenden Kameraden. Schluß.«
»Ich bin jetz' nich' glänzend, Sir. Niemals mehr.«
»Bist du auch nicht. Du bist nicht glänzend, Kid. Du bist blau und silbern.«
Macey schrie.
»Blau und silber, blau, silber.«
Macey schrie wieder, als wenn ihn jedes einzelne Wort zerriß. Logan fühlte die Stärke und die Todespein durch das Geschirr hindurch.
»Los Baby, blausilber blau silber!«
Er beobachtete das Schwert, bereit für den Anfall.
»Blausilber, blausilber, blausilber, rot, Baby!«
Macey lehnte steif am Baum. Seine Arme erhoben das Schwert vor ihm, deuteten damit aufs Lager.
»Ja, da ist dein Blausilber. Nimm's dir vor. Nimm die blausilbernen Bastarde dadrin auseinander!« Logan lokkerte das Geschirr und pfiff Magoo, Face und Buzzard eine Warnung zu. »Nimm sie auseinander, die Blausilbernen!«
»Laßt keinen Streit sein:« schrie Macey, »denn wir sind Brüder. Der Abstand zwischen uns ist entschwunden!«
»Feige Scheiße! Wo sind die großen Worte? Los doch! Du hast den Flip geschafft! Die großen Worte, damit's ab geht!«

»Der starke Stier der Erde!« sang Macey.
»Der weiße Stier brüllt!«

»Genau, Kid!«

»Ich bin über dir!
Ich bin ein Mann!

Ich bin der Mann aller Gaben und Wohltat!
Bereitet mir den Weg!«

»Jetzt hast du's!« Logan ließ das Geschirr fahren. Aber Macey zog mit einer Kraft, die Logan niemals in ihm gespürt hatte. Das Schwert war immer noch ausgestreckt, aber der Körper war zu steif zum Laufen.

»Der Abstand zwischen uns ist entschwunden!
Silbergewölk verloren!
Blauer Himmel dahin!
Sterne kreisen!«

Logan hielt ihn fest. Die Stärke in Macey war ihm unbekannt, und die Worte waren nicht die seinen.
»Der Wind bläst – durch spitze – Dornen, denn wir sind Brüder, durch den spitzen Weißdorn: Tom ist kalt, ein Angler im See der Dunkelheit, pfeif auf den Wind, blas, blaßblau, blas, Silber entschwinde! Los!«
Macey sprengte vom Baum weg, geradewegs zum Lager. Logan stolperte hinter ihm her. Magoo, Face, Buzzard stürzten zur Seite, und Macey stürmte vorbei, über die Dornenspitzen, und übersprang die Palisaden.
»Bei seinem Flip is' die Hölle los! Geht ab in voller Breite! Macht keinen Unterschied!«
Sie zogen das Zelt über den Graben. Vier Wachen hatten Macey angegriffen und lagen nun tot. Er war in der Rundhütte, tötete aufgeschreckte Männer, die sich grad vom Schlaf erhoben.
»Wie viele?« fragte Logan.
»Neunzehn«, sagte Buzzard.
»Entkommene?«
»Negativ. Wir ham' ihnen kräftig eins übergebraten.«

»Wo is' Macey?«
»Wie üblich.«
»Wieder runter?«
»Jau. Abgetörnt. Völlig am Boden. Ich hab' ihn spuckend bei der Hütte zurückgelassen. Er wird jetzt schlafen.«
»Gut«, sagte Logan. »Magoo, treib zusammen, was übrig ist. Nimm ihnen alles ab, Face.«
»Jawoll Sir.«
Logan ging zu Macey, der sich um sein Schwert gerollt hatte, mit blanken Augen, das Gesicht weiß zerkratzt, voller Tränen.
»Junge«, sagte Logan. »Das war was! Noch nie hat er so losgelegt.«
Die Frauen und Kinder wurden auf dem freien Platz vor der Hütte zusammengebracht.
»In dem Punkt kann ich Sie nich' verstehen, Sir«, sagte Buzzard.
»Werd' mal erwachsen, Krieger. Du hast sowas schon früher gesehen.«
»Das war zur Vergeltung.«
»Und ich sag' dir nochmal: Dies ist ein anderer Krieg, und wir ziehen den durch.«
»Das nennen Sie durchziehen?«
»Ach, nenn's wie du willst«, sagte Logan. »Such doch Waffen zusammen, wenn du's nich' abkannst.«
»Genau das werd' ich tun«, sagte Buzzard.
Keine Reaktion kam von den Leuten, als sie starben, kein Flehen und kein Laut.
Buzzard sammelte Waffen ein, als das Töten begann.
»Fleißig beim Durchzieh'n, Krieger?« fragte Logan.
»Wirst du denn den Mantel tragen, den du aufgehoben hast? Wer hat ihn denn gemacht? Wenn du diese Leute

nicht sterben lassen willst, leben sie auch nicht; also wie kommt's, daß du 'nen Mantel trägst, den niemand gemacht hat? Auf Mow Cop is' es kalt, Krieger, und der Wind bläst ganz schön durch einen Mantel, der nicht real ist.«

Buzzard schmiß alles zu Boden und rannte zum freien Platz: Aber die andern waren schon fertig.

»Enthaupten«, sagte Logan.» Und dann sucht euch Kleidung und Ausrüstung.«

»Was zum Teufel wollen Sie?« schrie Buzzard. »Is' das denn nich' genug?«

»Ein Eingebornen-Überfall, Krieger. Enthaupten. Das macht denen doch nichts. Die sind tot.«

»Laß dich ausstopfen«, sagte Buzzard. »Sowas wie dich gibt's in Wirklichkeit gar nich' mehr, Logan: Du bist nicht die Neunte! Bei dir is' 'ne Schraube locker.«

Logan durchbohrte ihn unterhalb der Rippen mit einem Speer. Buzzard sah Logan an und dann den Speer, den sie beide hielten. »Du Mutter«, sagte Buzzard.

»Könn' wir uns das leisten, Sir?« fragte Face.

Logan zog den Speer raus.

»Er war der beste Scout, den wir je hatten, nur deswegen«, sagte Face. »Und wir sind nich' überbesetzt.«

»Suchste Streit?«

»Nein, Sir.«

»Enthaupten, durchsuchen und ausrüsten«, sagte Logan. »Ich bezieh' Posten.«

»Man los, Face«, sagte Magoo. »Das muß echt aussehen. Ich zeig's dir.«

Logan holte den Packesel herein und fing an, ihn zu beladen. »Würden Mütter Roggen mitnehmen?« rief er zu Face rüber.

»Jawoll Sir. Sie können nicht genug anbauen.«
»Wir brauchen ihn fürn Winter«, sagte Magoo, »und als Beute. Wir müssen auch die Köpfe mitnehmen.«
»Wir bleiben bis zum Morgengrauen«, sagte Logan, »dann vergraben wir die Armee-Sachen. Und Buzzard.«
»Vielleicht sollten wir den lieber verladen, Sir«, sagte Face, »solang' er noch Falten schlägt.«
»Ab sofort werden Getränke ausgeschenkt.« Magoo stand steif im Durchlaß einer Hütte, in jeder Hand einen grauen Krug. »Also diese Katzen können wirklich Bier machen.«
Logan und Face nahmen die Krüge und tranken. »Mann«, sagte Face, »hatt' ich das nötig.«
»Guck nach, was noch.«
Face ging in die Hütte. »Ich dachte, wir haben alle erwischt«, sagte er.
»Glücklicherweise nich'«, sagte Magoo. »Is' das nich' 'ne heiße Braut!«
»Was ist denn?« fragte Logan.
»Ich halt' den Armee-Rekord«, sagte Magoo.
»Wir haben ein Mädchen verfehlt, Sir«, sagte Face.
»Tötet sie.«
»Die nicht«, sagte Magoo. »Noch nicht. Rast und Erholung, Sir.«
»Nein.«
»Sie wird keine Schwierigkeiten machen. Und wenn wir uns auf dem Berg da niederlassen, brauchen wir 'ne Frau.«
»Nein.«
»Ich kann nicht kochen, Sir.«
»Vergnügt euch mit ihr eine Nacht«, sagte Logan, »aber dann is' Schluß.«
»Woll'n Sie gleich als Nächster, Sir?«
»Nein.«

»OK.« Magoo ging zurück in die Hütte.
»Wir brauchen wirklich 'ne Frau, Sir«, sagte Face. »Auch wenn wir nur 'ne Zeitlang da oben sind.«
»Risiko«, sagte Logan.
»Nicht, wenn wir sie lähmen. Und wir können niemanden abstellen für die Schmutzarbeit, nich' mal Macey.«
»Punkt is' vermerkt«, sagte Logan und trank.
Magoo erschien wieder. »Face?«
»Gottverdammte Tiere«, sagte Logan.
»Nehm' Se 'n Schluck«, sagte Magoo. »Sie haben nur uns.«
»Jah.«
»Könn' Sie Eingeborner werden, Sir?«
»Ein Soldat kann alles.«
»Aha?«
»Und trotzdem die Neunte bleiben.«
»Das mit der Neunten beunruhigt mich nich' weiter. Nur: Wenn Sie nicht Köpfe aufspießen können, oder 'n schmutzigen Krieg führen: Dann sind Sie auch kein Eingeborner, dann sind Sie keine Mutter, und Sie sind auch kein Mann.«
»Wir sprechen wie Eingeborne, sobald wir diese Palisaden hinter uns haben«, sagte Logan.
»Aber Sie müssen wie 'n Eingeborner denken«, sagte Magoo. »Wie wir. Sie müssen's spüren. Deswegen ist Buzzard tot. Ihr bändigt ihn, wenn er sich anwerben läßt, also is' er schön motiviert, und dann erwarten Sie von ihm, daß er wieder alles fallen läßt und er selber ist. Das konnt' er nich'. Er wollte, daß Sie ihn töten. Sie sind härter als Buzzard, aber im Augenblick denk' ich, Sie sollten lieber 'n gottverdammtes Tier sein.«
Logan trank.

Face kam aus der Hütte. »Bedien' dich«, sagte er.
»Nach Ihnen, Sir«, sagte Magoo.
»Zur Hölle mit denen«, sagte Logan und ging in die Hütte.
»Was meinst du?« fragte Face.
»Sag' ich dir, sowie er rauskommt«, sagte Magoo. »Wenn er nich' nachgibt – ich hab' schon Römer kaputtgehen sehen. Wenn er's ihr nich' besorgt, hat er nur sich selbst, und er wagt schon jetz' nich', uns in die Augen zu sehen.«
»Magst du Logan?«
»Er is' verflucht aufm Holzweg. Ich will überleben.«
»Buzzard?«
»Spielte den Römer. Es erwischt dich, wenn du's zuläßt: Dann biste nichts. Glückwunsch, Sir.«
Logan war herausgekommen.
»Jah.«
»'n Schluck Bier?«
»Nein. Schluß jetzt mit den Belustigungen. Wache halten bis zur Dämmerung.«
Logan hob Macey auf. Das Schwert hing an seiner Handfläche. Face zog es weg.
»Hier Kid«, sagte Logan. Er schob Macey durch die Türöffnung. »Gönn dir mal was Gutes.«
»Wissen Sie was, Sir?« sagte Magoo. »Die Mieze war ziemlich blau, als ich sie gefunden hab'. Darum haben wir sie beim ersten Mal verfehlt.«
»Sucht nach anderen«, sagte Logan. »Wir können uns keine Fehler leisten.«
»Mehr sind nich' da«, sagte Face. »Ich kenn' diese Katzen.«
Macey fröstelte in der Hütte. Seine Kleidung trocknete auf ihm und wurde steif. Seine Haut, verkrustet wie sie war, schälte sich. Er blinzelte in der dunklen Hütte. Ein Mäd-

chen, vielleicht fünfzehn Jahre alt, lag wie eine Puppe auf dem Fußboden. Die Lampe spiegelte sich in ihren Augen. Auf ihren Brauen war Farbe gewesen, aber jetzt war sie bis zur Unkenntlichkeit verschmiert. Macey plumpste auf seine Hände und Knie. Seinen eigenen Gestank hatte er in den Nasenlöchern. Er berührte die Farbe auf ihrer Stirn. »Brauchst keine«, sagte er, »Angst zu haben«, und sie streckte ihre Hand aus, »vor mir.« Die Hand berührte das harte Gewicht, das in einer Schlinge an seiner Schulter hing, und ihre Augen richteten sich auf ihn. Er ließ sich neben sie fallen, seine Finger griffen sacht nach ihrem Ohrläppchen und hielten es fest. Sie glättete sein verklebtes Haar.

JAN HIELT TOMS HANDGELENKE. Er ließ sie. Sie drehte den verbogenen Hahn auf, schüttelte das Glas von seinen Händen und steckte sie ins Wasser. Er hatte keine tiefen Einschnitte, und sie spülte mit dem Strahl Stückchen von seiner Haut weg.
»Verdammte Norah!«
Toms Vater war in die Küche gekommen.
»Laß deine Hände von selbst trocknen, reib sie nicht«, sagte Jan. Tom gehorchte; sein Körper war ruhig, sein Gesicht rot und verschwollen.
»Hat er sich verletzt?«
»Er hat niemanden verletzt«, sagte Jan.
Sie betupfte seine Hände mit einem Papiertuch. Sie schienen frei von Glas zu sein. Sein Vater sah sich die Wasserhähne und das Fenster an.
»Es war nicht meine Idee«, sagte er.

»Soviel war klar«, sagte Jan.
»Das hat er gemacht.«
»Ja.«
»Das war nich' der Sinn der Sache.«
»Es war das Ergebnis.«
»Verdammte Norah.«
»Armer Tom«, sagte Jan.
»Wie is' das nur passiert?«
»Ihm sind die Worte ausgegangen.«
»Dem da? Der is' 'n wandelndes Wörterbuch. Ich versteh' kaum die Hälfte von dem, was er sagt. Wenn er was kann, dann sich ausdrücken.«
»Er ist immer noch da«, sagte Tom. »Er ist weder gestorben, noch hat er sonstwas Entgegenkommendes gemacht.«
»Ich hab' wirklich nie gedacht, ihr beide hättet – ihr wißt schon.«
»Bitte wegtreten zu dürfen, Sergeant-Major.«
»Aber es wäre nicht recht gewesen, die ganze Sache deiner linkischen Mutter zu überlassen.«
»Links rechts links rechts links rechts links liegenlassen –«
»Sie ist meine Frau.«
Tom lachte leise.
»Das spielt 'ne Rolle.«
»Wirklich?« fragte Tom.
»Ja, Mensch: Wirklich.«
Tom hob seinen Kopf. »Meist seh' ich die Sachverhalte zu spät. Mein Vater ist aufrichtig«, sagte er zu Jan. »Ich hab' ihn nie anders gekannt.« Er nahm einen Schluck Wasser vom Hahn. »Das Vermögen des menschlichen Organismus zu seiner Wiederherstellung ist bemerkenswert. Wenn du mir gegenüber einen Irrtum zugibst, muß du

dich ja wohl, logischerweise, von der Anschuldigung bei deren Urheber losgesagt haben, während ich am Fenster schöpferisch tätig war. Du hast meiner Mutter gesagt, daß sie Unrecht hatte.«
»Ich äh – sagte –«
»Etwas.«
»Ja.«
»Also bin ich jetzt dran, dir zu helfen.«
»Nicht mir: deiner Mutter.«
»Du differenzierst da?«
»Vor allem wegen der Schimpfworte –«
»Die haben die Küche nich' kaputtgemacht«, sagte Jan.
»Aber es war nicht hübsch: von 'nem Mädchen. Und wir haben dir immer einen anständigen Freiraum gelassen.«
»Einsfuffzich mal zwei Meter«, sagte Tom.
»Schimpfworte sind nich' hübsch.«
»Inadäquates Vokabular wär' 'ne bessre Bezeichnung«, sagte Tom. Er ging in Richtung Wohnzimmer.
»Würdige dich dadrin nich' selbst herab«, sagte Jan.
Tom lächelte beinahe. Sein Vater wollte mit ihm gehen, aber Tom blieb stehen. »Nein, Sergeant-Major. Das is' 'n Solo. Hilf lieber Jan.«
Sein Vater zauderte. »Sex«, sagte er.
»Was is' damit?«
»'ne furchtbare Sache.«
Toms Gang ins Wohnzimmer war endlos. Seine Mutter hatte sich vor dem Gasofen zusammengekauert. Zum ersten Mal sah er, daß sie alt war. Er legte seine Arme um ihre Schultern. Sie war leicht hochzuheben: nur Knochen hielt er. Ihr Gesicht ruhte auf seiner Schulter. Er hätte nicht sagen können, ob ihr Weinen echt war.
»Tut mir leid, das alles«, sagte er. »Aber du hattest – und

hast! – unrecht.« Sie zitterte auch, wie er gezittert hatte, und dadurch fühlte er in ihr seine eigene Stärke und war wachsam.
»Ich dachte – daß du – und sie.«
»Es gibt keine ›Sie‹. Ihr Name ist Jan.«
»Ich dachte, ihr wart miteinander –intim.«
Diese Obszönität, aber er hielt aus. Worte. Welche jetzt benutzen, um all dem jetzt ein Ende zu machen?
»Du dachtest, wir hätten Beziehungen gehabt.«
Seine Mutter nickte.
»Nur zu unsern Eltern«, sagte Tom, »und das sollte 'n Witz sein.«
Seine Mutter schluchzte wieder. Die Stärke verging nicht.
»Du wirst dich wohl mit der Existenz von Jan abfinden müssen.«
»Dein Vater und ich würden's vorziehen, wenn du wartest, bis du ausstudiert hast, bevor du dich mit Mädchen abgibst.«
»Das kann in zehn Jahren sein!« Jetzt lachte er.
»Früh genug.«
»Jan ist mir eine Hilfe: und das Haus ihrer Eltern.«
»Es ist nicht unsre Schuld, daß wir uns nichts bessres leisten können als das hier. In der Kaserne für Verheiratete wär's noch schlimmer. Ich kenn' das! Sie sollte sich ihren Mund mit Karbol ausspülen.«
»Hör auf, bevor du anfängst«, sagte Tom. »Und hör zu. Was du heute abend zu Jan gesagt hast war nicht nur unwahr, es war erniedrigend.«
»Erniedrigend!«
»Wirst du dich entschuldigen?«
»Bei ihr? Bei so 'ner Art Sprache? Wenn du mir sagst, daß ihr nicht – dann glaub' ich dir.« Großmut, dachte Tom,

kennt keine Grenzen. »Aber ich werde mich nicht bei jemand entschuldigen, der schmutzige Worte in meinem Haus benutzt.«

»Wart' hier«, sagte Tom. Er nahm seine Hände von den Schultern seiner Mutter. Das Baumwollkleid war klebrig und blieb an ihm hängen. Die Abdrücke seiner Handflächen und Finger waren deutlich sichtbar. Er ging zur Küche. Jan und sein Vater hatten das Glas aufgefegt und setzten Karton ins Fenster ein.

»Meine Mutter ist aufgebracht über deine Schimpfworte: und ich auch. Wirst du sie zurücknehmen?«

»Na los, meine Liebe«, sagte sein Vater. »Pack schlägt sich –«

»Tut mir leid«, sagte Jan. »Ich schäme mich für nichts, was ich getan habe.«

»Das wollt' ich nur wissen«, sagte Tom.

»Wie fühlst du dich mit deinen Händen?« fragte sein Vater.

»Sauwohl«, sagte Tom. »Jetz' weiß ich: Das war Plautus.«

»Was war er?«

»Hat als erster ›sauwohl‹ gesagt. Bleib hier, bis ich meine Mutter beruhigt habe.«

Er ging ins Wohnzimmer.

»Jan ist nich' sehr entgegenkommend aufgelegt. Und ich kann ihren Standpunkt verstehen.«

»Dann ist sie hier nicht mehr willkommen«, sagte seine Mutter.

»Mach was du willst. Ich geh' jetzt mit ihr rüber zu ›The Limes‹, weder um mit ihr intim zu sein, noch um Beziehungen mit ihr zu haben, sondern um zu arbeiten.«

»Deine Hände bluten.«

»Werd' ich überleben«, sagte Tom. »Heh, mach mal die

Glotze wieder lauter: Da läuft 'n Werbespot, wie man biologische Flecken entfernt.«
»Was wir brauchen«, sagte Tom, »ist ein Kommunikations-Satellit.« Er ging mit Jan durch den Wald. Ein heller Mond schien. Die M6 lag da wie ein Fluß, und die Milchstraße wie ein Schleier über den Birken. »Ich glaub', es ist egal, welcher. Wie steht's mit deinen Astronomie-Kenntnissen?«
»Nich' existent.«
»Du wirst doch die Sternbilder kennen.«
»Die stimmen doch nie mit den Bildern in den Büchern überein. Aber den Drachen da mag ich.«
»Wo? Drachen? Drachen? Das ist kein Drache, du Pinsel, das is' 'n Teil vom Orion. Diese drei Sterne sind sein Gürtel.
»Nun, ich hab' die immer gemocht.«
»OK. Wir nehmen Delta Orionis: da drüben rechts. Er wird den ganzen Winter über bei uns sein. Wenigstens einmal alle vierundzwanzig Stunden sind wir dann zusammen.«
»Wie denn?«
»Was is' 'ne gute Zeit? Zehn Uhr? Jeden Abend um zehn Uhr werden wir beide versuchen, den Stern anzugucken, und wir werden zusammen sein, weil wir wissen, der andre schaut auch und denkt an einen. Im gleichen Augenblick werden wir das Gleiche ansehen.«
»Wenn's nich' bewölkt ist«, sagte Jan. »Ich liebe dich: Du bist so unmöglich.
»Das Ganze ist unmöglich.«
»Aber nein. Es ist eine wunderbare Idee. Der Stern und wir. Wie jetzt.«
»Es gibt kein ›jetzt‹«, sagte Tom. »Vielleicht existiert

Delta Orionis gar nicht. Er ist nich' mal da, wo wir ihn sehen. Er ist so weit weg, wir sehen ihn jetzt so, wie er war, als die Römer hier waren.«
»Deswegen mag ich keine Astronomie.«
»Aber woll'n wir den Stern da nehmen?«
»Ja.«
»Und zehn Uhr.«
Er schloß die Tür von ›The Limes‹ auf.
»Kaffee?« fragte Jan.
»Ja bitte.«
Er ließ sich am Kaminfeuer nieder. Die Zentralheizung war an, aber ein Ventilator drehte sich langsam hinter den künstlichen Kohlen.
Tom arbeitete. Nach drei Stunden hörte er auf. Er packte seine Aktentasche. Jan saß auf dem Kamin und sah ihm zu.
»Wegen heute«, sagte sie.
»Ich will nich' drüber sprechen.«
»Warum nicht?«
»Vorbei.«
»Gar nicht. Du kannst doch nicht hier sitzen und dich durch deine Bücher fressen nach dem was sie getan haben.«
»Kann ich.«
»Kümmert's dich nich'?«
»Hat es. Aber nich' mehr. Energieverschwendung und ein schlechter Geschmack. Vergiß es.«
»Du solltest deine Spannungen externalisieren.«
»Hör bloß damit auf. Ich bin noch kein Patient.«
»Du ängstigst mich.«
»Mich auch, also halt den Mund und sag Gutnacht zu unserm keltischen Großvater.«
»Unserm was?«

Er deutete auf das Mauerwerk des Kamins. Ein Fossil war darin eingeschlossen.

»Hab' ich noch nie bemerkt«, sagte Jan. »Wunderhübsch.«

»Die letzten sechshundert Millionen Jahre lang war er vorhanden und wartete nur auf das Erscheinen einer Feuerstelle. Darf ich also vorstellen: dein und mein Vorfahre. Der einzig wahre! Aus dem Waliser Cambrium. Gehört zu den Inartikulata! Brachiopode!«

»Warum hab' ich das nicht gewußt?«

»Er kann nich' sprechen: Eben weil er nicht-artikulierend ist. Und wenn er's könnte, wär's Walisisch.«

»Ob er rausgehen würde?«

»Nein.«

»All' die Zeit über! Könn' wir ihn nich' rausbrechen?«

»Dein Vater würd's wohl nich' sehr schätzen, wo er doch diesen erstrebenswerten Wohnsitz verkaufen will.«

»Ich hab' mir gewünscht, etwas zu haben, was wirklich zählt.«

»Versuch's mal mit mir«, sagte Tom. »Und falls ich dir nich' gut genug bin: Wie wär's hiermit?«

Er öffnete seine Hand und hielt ihr eine vergoldete Brosche mit zwei ineinander verschlungenen Herzen hin. ›Mischpe‹ war in das eine graviert, und in das andere: ›Möge der Herr wachen zwischen mir und dir, wenn wir voneinander getrennt sind.‹

»Ich gehör als Gratis-Beigabe dazu«, sagte Tom.

»Für mich?«

»Mischpe is' Hebräisch: Heißt soviel wie ›getrost erwarten‹: eine gemeinsame Zukunft, und eine gute, was immer auch geschieht. Soldaten pflegten's ihren Frauen und so zu geben.«

»Woher is' das hier?«
»Hat meinem Großvater gehört. Er wurde getötet.«
»Oh.«
»Ich möchte, daß du es behältst.«
Jan las noch einmal die Worte.
»Glaubst du an Gott?« fragte sie.
»Ich hoffe, er glaubt an mich.«
»Warum is' es deins?«
»Der Wohnwagen is' voll von so 'nem Zeugs.«
»Ich kann's nicht«, sagte Jan.
»Warum nicht?«
»Weil's nich' deins is'.«
»Es wird meins, wenn ich das Familien-Erbe antrete.«
»Nein. Es is' 'ne prima Idee. Aber ich kann's nich'. Du wirst was andres für mich finden. Irgendwann. Was besondres. OK?«
»OK.« Er stand auf und ging zur Tür. »Wiederseh'n, Haus.«
»Bis Morgen«, sagte Jan.
Tom schüttelte den Kopf.
»Warum nicht?«
»Crewe.«
»Was?«
Ihrer beider Stimmen waren nur Geflüster.
»Mag keinen Abschied. 's war unser Abschied, seit du's mir gesagt hast. Dein erster Samstag. Crewe.«
»Ich fahr' noch fast 'ne Woche nicht. Warum diese Zeit vergeuden?«
»Übung. Solang es noch ein Sicherheitsnetz gibt. Kann sein, daß ich nich' klarkomme. Kann sein, daß ich Höhen nich' vertrage.«
»Ein weitverbreitetes Übel.«

»Tom ist kalt.«
»Ich liebe dich.«
»Ich hab' 'n Hang zur Selbst-Dramatisierung.«
»Ich lieb' dich dennoch.«
»Es ist wichtig.«
»Ich weiß.«
»Zehn Uhr.«
Jan nickte.
»Guck dir diese Milchstraße an«, sagte Tom. »Einhunderttausend Millionen Sterne, einhunderttausend Millionen sich drehende Staubkörnchen. Wie ein dampfendes pochiertes Ei im Raum.«
»Du kannst nicht zweimal Eier bekommen«, sagte Jan.
»Meine Augen.«
»Galaktisch.«
»Schmerzen.«
»Mit zu vielen Sternen.«
Er ging nach Hause, die Mischpe in seiner Hand. Warum habe ich Jan zum Weinen gebracht? Ich hab' sie nicht verlassen. Das bin doch nicht ich. Er starrte auf Orion.

DAS WARTEN. AM SCHLIMMSTEN war das Warten. Sie hatte den ganzen Morgen da gestanden und die Männer beobachtet. Sie stachen den Rand vom Barrow Hill unterhalb des Friedhofs ab, um eine steile Uferböschung zu erhalten. Auf der Seite des Feldwegs bildete der Sumpf der Wulvarn einen Schutz. Thomas arbeitete mit ihnen, neben Dick Steele; alles Männer, bis zu den Hüften in Schlamm, von

oben bis unten schwarz vom Hinfallen. Sie stand auf ihrer Türschwelle und spürte weder die Wärme des Kamins noch die Kälte der Luft.
John Jaeger kam das Bett der Wulvarn entlang geritten, nicht auf dem Feldweg. Am Barrow Hill wurde er langsamer, um Neuigkeiten loszuwerden, dann ritt er direkt zum Pfarrhaus. Die Männer arbeiteten angestrengter. Schlimme Neuigkeiten.
Ein Ruf erscholl. Sie sah Thomas im Morast knien und eilte sofort den Pfad hinunter zum Tor, aber Dick Steele hatte die Männer schon zurück zur Arbeit gewunken. Thomas kam angerannt, seine Hände fest gegen die Brust gepreßt, wie im Gebet.
»Madge!« rief er. »Madge!«
»Was is' los? Geht's dir schlecht?«
»Nein, nein nein! Hol Wasser. Ich muß mich waschen.«
Er stolperte ins Haus. Seine Fäuste waren ein Klumpen Modder. Sie goß Wasser über seine Hände in eine Schüssel. Die Erde fiel ab. Er hielt ein glatt geformtes Etwas.
»Ich hab's gefunden! Ich hab' einen gefunden! In der Böschung. So ein Glück, Madge!«
Es war poliert, grau-grün, und sah wie der Kopf einer Steinaxt aus. Das eine Ende war oval, und ein Loch ging hindurch wie für einen Stiel; das andere Ende rundete sich zu einer Schneide.
»Er fiel aus der Böschung und ich hab' 'n gepackt. Da is' nich' eine Kerbe dran.«
»Im Spätherbst gab's Blitze. War er tief drin?«
»Grad unterm Friedhof.«
»Er sieht neu aus. Muß wohl aus diesem Spätherbst sein: Oktober.«

Thomas wusch und trocknete den Stein. Das harte Gewicht lag in seiner Hand.
»Hol' mich mein' Hammer«, sagte er. »Das gibt genug für jeden.«
»Das schaffst du nie, den zu zerschlagen –«
»Es bedeutet Glück. 'n Stück davon in jeden Schornstein, und dann. Der Blitz schlägt nich' zweimal in die gleiche Stelle ein.«
»Wieviele da unten haben's gesehen?«
»Dick Steele. Die andern haben mit John gesprochen. Heh, bei Crewe ham' sie ihn beinah' erwischt, den John. Er sagt, sie kommen. Wir brauchen das Glück, Madge –«
»Wo soll denn das Glück in'n paar Stückchen Stein stecken? Wenn du Steine willst, mußt du in der Wulvarn scharren.«
»Ich bin der Herr im Haus!«
»Und ich sag's dir.«
»Du wirst mich nich' 'von abhalten.«
»Werd' ich doch!«
»Ich zerschlag' ihn!«
»Tust du nicht!«
»Doch!«
»Wer sagt das?«
»Ich sag' das!«
Sie hielt den Stein hinter ihrem Rücken.
»Gib ihn mir! Ich bin der Herr im Haus! Gib mir den Stein!«
»Warum?«
»Ich – ich – kann –«
»Was kannst du?«
»Ich kann lesen! Kann ich! John bringt's mir bei! Also gib den Stein her!«

»Lesen?«

»Ja! Und – schreiben. Und dann will er mir Griechisch beibringen und all' das, genau so gut wie Oxford.«

»Dafür wirst du einen kühlen Kopf brauchen«, sagte John. Er stand an der Tür. »Was ist das für Lärm? Das klang ja, als ob sie schon hier wären.« Er hatte Arbeitskleidung an.

»Ich hab' einen Donnerkeil am Barrow Hill gefunden, und sie will ihn mich nich' zerschlagen lassen«, sagte Thomas.

»Warum nicht, Margery?«

»Würd'st du es zulassen?« fragte sie. »Fühl mal.«

John nahm den Stein und ließ seine Hände darüber gleiten.

»Der is' doch nich' gemacht worden, damit man ihn zerbricht, oder nich'?« sagte sie.

»Was würdest du damit tun?«

»Behalten.«

»Du sollst dir keine Götzenbilder machen, Margery.«

»Gib's auf. Wir hören genug von deinem Vater in der Kirche. Du mußt jetzt nich' auch noch damit anfangen.«

»Zurück zu den andern Burschen, Thomas«, sagte John. »Ich komm' gleich nach.«

»Du vergeudest deine Zeit mit der da«, sagte Thomas im Hinausgehen. »Die könnte 'n ganzes Rattennest dasig machen.«

John nahm die Axt auf. »Ich hab' noch nie einen Donnerkeil gesehen«, sagte er. Seine Hand glitt über die Konturen. »Wunderhübsch.«

»Thomas wird ihn nich' kaputt machen.«

»Natürlich nich'.«

»Er will nur helfen: Und die andern würden besser von ihm denken.«

»Warum soll er nicht? Es bedeutet Glück.«

»Das ist nicht alles«, sagte Margery.
»Glaubst du?«
»Du nicht?«
Eine einzelne Glocke begann über der Gemeinde zu läuten.
»Ist denn schon Zeit für die Kirche?« fragte Margery.
»Nein. Mein Vater. Er glaubt, wir werden's mit verständigen Männern zu tun kriegen.«
»Hast du sie gesehen?«
»Beinah. Ich bin runter nach Crewe geritten an der Oak Farm vorbei. Sie haben nicht Einen am Leben gelassen. Ich muß diese Glocke anhalten. Sie finden uns schon früh genug.«
Sie wickelte die Steinaxt in ihren Unterrock und legte sie neben den Schornstein.
John lächelte. »Weißt du, grad' heute«, sagte er, »wünschte ich mir beinah, du hättest deinen andern Thomas geheiratet. Wir könnten den jetzt gut gebrauchen.«
»Glücklicherweise sind wir von dem befreit!«
»Ihr wart ein schönes Paar.«
»Ich hab' einen Rowley geheiratet, nicht einen Venables.«
»Thomas Venables ist zum Kämpfen geboren.«
»Sind sie das nicht alle auf dem Mow Cop?«
»Und du hast ihm ganz schön den Hof gemacht.«
»Das sagst du!«
John ging den Pfad hinunter. Margery lief mit ihm.
»Laß Thomas nich' den Namen Venables hören.«
»Er wird doch nich' eifersüchtig sein!«
»Solltest du nich' lieber die Glocke anhalten?«
»Das kann warten«, sagte John. Über Crewe stand Rauch. »Es gibt 'ne Menge, was nie ausgesprochen worden ist.«
»Das ist auch gut so. Ich hab' Thomas Rowley geheiratet.«

»Gut.«
»Dann laß ihn in Ruhe. Beunruhige ihn nich' mit deinen Belehrungen.«
»Er weiß schon mehr als ich je lernen kann.«
»Und quäl mich nich'. Du mit deinem Lesen und so.«
»Damit beschäftigt man sich eben, wenn man nicht Thomas Rowley sein kann.«
»Aber – Bücher, und Latein –«
»Noch größerer Blödsinn als alles andre.«
»Aber wenn's ihm schlecht geht –«
»– dann sieht dieser Mann Gott.«
»Er? Thomas? Wo ist denn Gott, wenn du steif wie 'n Brett bist und deine Zunge sitzt dir tief in der Kehle?«
John zuckte die Achseln. »Jedenfalls ist er dieser Tage nicht in Barthomley, soviel ist sicher.« Er überquerte die Brücke über die Wulvarn und ließ sie stehen.
»Mir fehlt was, Madge. Ich muß es dir jetzt sagen. Du und ich begegnen uns in Thomas.«
»Ach, verpiß dich!« Ihr Ärger wurde im Hin- und Herschwingen der Glocke aufgefangen, und bei ihrem Stillstand darauf war er verschwunden.
John bestieg die Kanzel. Er war schmutzig und immer noch grob gekleidet.
»Der Herr sei mit euch«, sagte er.
Die Leute antworteten: »Und mit deinem Geiste.«
»Danket dem Herren«, sagte John. »Und nun hört zu. Die Iren sind gelandet. Und sie sind für den König. Sie haben weder Kleidung, Nahrung noch Waffen, und sie marschieren um Crewe herum, um sich das zu beschaffen. Wir bleiben hier und halten unsre Köpfe hübsch unten. Wir haben Wasser in der Kirche, und Hühner und Vieh werden vom Pfarrhaus rüber gebracht. Kochen können

wir an der Tür zum Turm. Die Kinder werden draußen auf verlassenen Gehöften die Kühe melken. Als Aborte dienen die nördliche und die südliche Kapelle. Und die Gnade unseres Herrn Jesus Christus und die Liebe Gottes und die Gemeinschaft des Heiligen Geistes sei mit uns allen in Ewigkeit.«
»Amen.«
John verließ die Kanzel.
»Was gaffst du so?« fragte Margery.
»Ich lese«, sagte Thomas.
»Die Nachtwache kann lang werden«, sagte der Pfarrer, »aber laßt einen jeden von uns mit den Worten des Psalmisten unseren Vater bitten: ›Steh mir bei, denn das Unheil ist nah, und da ist niemand, mir zu helfen. Viele Stiere umringen mich, Jungstiere von Baschan umgeben mich, und ihre Mäuler reißen sie auf gegen mich wie der brüllende Leu.‹ Er wird uns nicht verlassen in dieser weihnachtlichen Zeit. Darum lasset uns das Jesuskind willkommen heißen mit fröhlichen Herzen, wenn wir auch sind wie verlorene Schafe unter den Wölfen. Und müssen wir auch viel erdulden, so werden wir andennoch verschont bleiben. Jene Iren sind Männer nur in einem fremden Land.«
»Was liest du denn?« fragte Margery.
»Diese Inschrift da auf der Schranke zur Kapelle, wo Dick Steele grad pißt.«
»Wie lautet sie denn?«
»Laßt keinen Streit sein: Denn wir sind Brüder.«
»Woher soll ich das wissen?« sagte sie.

AM NÄCHSTEN TAG BLIEB Face in Barthomley zurück, um die Hütten nieder zu brennen. Er wollte die Dunkelheit abwarten.

Das Mädchen lief humpelnd, ihre Handgelenke waren gefesselt. Macey fütterte sie, wenn sie aßen. Logan suchte den Weg. Magoo deckte. Sie brachten die zehn Kilometer hinter sich, und wieder war es Abend, bevor sie Mow Cop erreichten.

Gebüsch wuchs hoch auf dem Berg, aber der Kamm war nur Stein, ohne jeden Schutz. »Kein Feuer«, sagte Logan. »Nicht, bis wir sicher sind.« Er schickte Magoo nach einem Lagerplatz Ausschau halten. »Bring uns aus dem Wind raus.«

Macey war beruhigt vom Töten. Das Mädchen beobachtete Logan. Der Wind würde ihnen beim Anbruch der Dämmerung den Rest geben.

Magoo kam zurück. »Is' in Ordnung«, sagte er. »Man könnte denken, wir sind erwartet worden.«

»Bewohnt?«

»Nein – also da wir ja Eingeborne sind, gefällt's mir nich': Aber wenn wir's nich' wären, würd' ich sagen, wir haben's geschafft.«

»Bring uns aus dem Wind raus«, sagte Logan. »Und paß auf, daß man nicht unsere Silhouetten sieht.«

»Hier oben ist alles Silhouette«, sagte Magoo.

Über sandige Steinplatten kletterten sie zur Spitze und weiter zu einem schiefen Plateau, das in einem steilen Felshang endete. Der Maulesel geriet ins Rutschen, und Macey mußte sich selbst wie einen Anker verkeilen.

»Dort«, sagte Magoo.

»Ich weiß nich', was es ist«, sagte Logan, »aber ich frag' auch nich' nach.«

Eine Vertiefung war in dem Plateau, als ob ein Würfel aus dem Felsen herausgeschlagen worden wäre. Sie war gute sechs Meter tief, und an einer der Wände führte ein Pfad hinunter.
»Für heute nur 'n Zelt«, sagte Logan. »Wenn wir uns eingerichtet haben, können wir's überdachen.«
»Wenn ihr hineingeht, werdet ihr sterben«, sagte das Mädchen.
»Süße, ich war schon drin«, sagte Magoo.
»Du wirst sterben.«
»Was kann sie damit meinen?« fragte Logan.
»Es ist ein alter Steinbruch oder irgendsowas. Gab aber kein' Abbau in letzter Zeit. Keine Angst: Ich werd' das schon machen.«
Magoo stieß das Mädchen den Pfad hinunter. Sie fiel, und er schlug sie zum Krüppel, als sie am Boden lag.
»Du hast mir nicht wehgetan«, sagte sie. »Ich spüre keinen Schmerz. Ich bin nicht verletzt.«
»Maulhaltn«, sagte Magoo.
Logan und Macey hielten die erste Wache. In der Nacht war ein Feuer zu sehen. »Barthomley«, sagte Logan. »Face sollte das lieber ganz auskosten: Wird 'ne Weile dauern, bis er's wieder so warm hat.«
Macey zog seinen Mantel um das Gewicht an seiner Schulter. »Sie muß verbunden werden«, sagt er.
»Magoos Job.«
»Sie läßt ihn nicht.«
»Ihr Problem: Aber wenn's dich beunruhigt – bleib nich' so lang.«
»Wir sind alle Kameraden.«
»Sie nicht«, sagte Logan.
Macey drehte sich um und wollte gehen. Er schrie, warf

sich zurück und scharrte auf dem Fels. Logan drückte ihm mit dem Ellbogen die Luft ab und schleuderte sein Schwert weg.

»Sie – sie sind – laßt mich nich'! Sie sind – nich' da! Sie sind nich' da! Meine Kameraden! Alle! Da is' nichts mehr!«

»Runter mit dir!« fluchte Logan.

Magoo erschien aus dem Unterstand, bewaffnet. »Was is' los?«

»Macey. Faß mit an.«

»Los doch, du Keulenheini«, sagte Magoo. »Die Stufen da runter.«

»Nein. Keine Stufen. Garnichts.«

»Runter da, verdammt noch mal!«

»Die Höhe!« Macey öffnete seinen Mund, und durch Logans ganze Stärke brach ein Schrei, ein Klang, der immer höher wurde. Magoo schlug ihn hinters Ohr, und Macey brach zusammen. Sie zogen ihn ins Zelt.

»Er war drauf und dran, wieder loszulegen«, sagte Logan. »Ich hab's in ihm spüren können. Warum?«

»Sie sind der Fachmann für seine kleinen Eigenarten«, sagte Magoo.

»Er hat sich noch nie so benommen; bis er die Wache da erschlagen hatte.«

»Vielleicht liegt's daran«, sagte Magoo. »Gucken wir doch mal nach.« Er langte nach Maceys Schulter.

»Nein«, sagte Logan. »Der Befehl bleibt. Niemand hat ihn anzurühren.«

»Natürlich, Sir. Ich hatt's vergessen.«

»Übernimm die Wache. Und nenn mich nich' ›Sir‹.«

Der Wind verursachte ihnen Zahnschmerzen.

»'ne schöne Neunte hätt'st du gehabt«, sagte Magoo, »wenn du mich fürs Durchsuchen von Macey getötet

hätt'st, und der Rest von unserm Haufen schafft's nich'
von Barthomley bis hier.«
»Wir wär'n schon klar gekommen.«
»Ich kann's mir schlecht vorstellen: Du als befehlsführender Offizier über 'nen Bekloppten und 'ne Nutte.«
»Sie könnte ja werfen.«
»Aber wie lange kannst du's hier oben aushalten?«
»Ewig.«
»Winter ade!«
»Gib's auf«, sagte Logan. »Frag' mich Vokabeln im Mütter-Dialekt ab. 's dauert noch, bis es hell wird.«
Sie ließen sich nieder, wo sie waren.
»›Berg‹«, sagte Magoo.
»›Kogel‹.«
»›Tal‹.«
»›Klus‹.«
»›Feld‹, oder ›Bauernhof‹.«
»›Heimet‹.«
»›Erkältet‹.«
»›Gestraukt‹.«
»›Mahlzeit‹.«
»›Jause‹.«
»›Die Nase voll haben‹.«
»– ›dasig sein‹?«
»Das is' Katzen-Dialekt.«
»›Abfretten‹?«
»Nein.«
»Sag's mir«, verlangte Logan.
»›Andiniert sein‹.«
»Ich bin völlig andiniert, gestraukt und brauch' dringend 'ne Jause auf diesem Kogel«, sagte Logan.
»Nich' schlecht«, sagte Magoo.

Face erreichte die Buschwerk-Grenze nach der Dämmerung. Er blieb in Deckung bis Logan pfiff.
»Guck mal nach, ob Macey wieder zu sich gekommen ist, und wenn ja, dann soll er Frühstück machen.«
»Das kann sie machen«, sagte Magoo.
Face kletterte über die Platten.
»Barthomley?« fragte Logan.
»Keine Schwierigkeiten.«
»Gut. Wir werden uns einrichten. Wir haben's geschafft. Was hältst du davon?«
Face sah sich das rechteckige Loch im Felsen an. »Zum Teufel, mach bloß, daß du da raus kommst, Logan, sonst bist du 'n toter Mann.«

»AM SCHLIMMSTEN WAR DAS WARTEN.«
»Das war's.«
Sie standen auf dem Bahnsteig. Eine Reihe Gepäckkarren rasselte vorüber, und Leute liefen hin und her, aber Tom und Jan hielten einander unsichtbar fest.
»Ich frag' ab.«
»Was?«
»Mein Gedächtnis: dein Haar in meinem Gesicht.«
»Du.«
»Und du.«
»Es war das Warten.«
Sie mußten zurücktreten, um dichter beieinander zu sein.
»Laß mich dich ansehen«, sagte Tom.
»Du bist zu weit weg.«
»Deine Schuld.«
Sie kamen wieder zusammen.

»Sind deine Augen zu?«
»Ja.«
»Ulkig. Ich hab' immer meine Augen zugemacht, um mit dir zusammen zu sein, wenn ich's nicht war, und jetzt, wo ich's bin –«
»Machst du sie auch zu!«
Sie kicherten und liefen die ganze Länge des Bahnhofs von Crewe ab, sie hüpften und rannten, trennten sich, nur um wieder zusammen zu kommen, unter dem Glasdach, der dunklen Brücke, und ins Tageslicht bis zur Spitze des Bahnsteigs, und wieder zurück. Der Bahnsteig bildete eine Landzunge über den verwobenen Gleisen, und am Ende, weit weg von den Passagieren, stand eine alte Bank. Tom und Jan saßen dort im Sonnenlicht und im Wind und betrachteten die Bahnstation.
»Wie die Promenade in Blackpool, was?«
»Ruhiger.«
»Kaffee?« fragte Jan.
»Ja.«
Sie kehrten zurück zu der Düsternis und den Ansagen und den Leuten, zurück zu den Zügen, die Hände auseinanderrissen.
»Sieh nicht hin«, sagte Tom.
Sie setzten sich in die Cafeteria und tranken ihren Kaffee.
»Also ich werd' wahrscheinlich auf 'n Medizinstudium umsteigen«, sagte Jan. »Ich kann's mir schwer vorstellen: Ich als Oberschwester.«
»Dacht' mir schon, daß der Zauber nich' anhalten würde.«
»Bis zum ersten Nachttopp! Nein, die zwei Jahre werd' ich als praktische Erfahrung nehmen, aber ich glaub', ich werd' Mum und Dad nacheifern.«
»Sie haben ›The Limes‹ verkauft.«

»Wie ist es jetz'?«
»Ich war nich' da.«
»Hast du noch den Schlüssel?«
»Sicher.«
»Dad sagt, du möchtest ihn den neuen Leuten geben.«
»Nächste Woche steck' ich ihn durch. Könn' wir jetz' nich' woanders hin gehen?«
»Was gefällt dir denn nich'?«
»Dieser Raum ist so leer.«
»Er ist voll!«
»Aber es ist niemand hier«, sagte Tom. »Laß uns gehen. Bitte.«
Sie gingen die Stufen hinauf und durch die Schranke. Die Straße war laut, und der Wind fegte Sand vor sich her.
»Wohin?« fragte Jan.
»In die Stadt. Auf Bahnhöfen gerat' ich in Panik. Da weiß ich dann nicht mehr, daß es auch wirkliche Leute gibt.«
»Du hast dich nich' verändert. Oder?«
»Nein.«
»Gut!«
In der Stadt herrschte reges Treiben. Tom und Jan gingen mit der Menge. Es gab eine Hauptrichtung der Bewegung durch die terrassenförmig ansteigenden Straßen.
»Bei 'nem Bahnhof«, sagte Tom, »kann man nur schwer beweisen, daß er nicht voller Gespenster ist.«
»Ich wette, das ist nicht von dir.«
»Keiner meiner Sätze ist von mir.«
»Ich liebe dich«, sagte Jan.
»Und das willst du als Neuigkeit verkaufen?«
»Hier muß das Zentrum sein«, sagte Jan. »Der Verkehr kreist drum herum.« Sie waren bei einer Fußgängerzone.

»Weit genug«, sagte Tom, »und eisig. Wir wollen uns aufwärmen.«
Er nahm Jans Arm und führte sie in ein Möbelgeschäft. Drinnen war's finster und aufgerollte Teppiche standen senkrecht. Küchen waren ausgestellt, fertig zum Frühstück. Tom zwängte sich zwischen den Teppichen hindurch ins Ausstellungsfenster mit den Couch-Garnituren und setzte sich in tiefen Chintz. Er zog Jan neben sich und streckte seine Beine der Glasscheibe entgegen, wo das Kaminfeuer hätte sein müssen. Er lächelte im Scheinwerferlicht.
»Angeber!« sagte Jan.
»Aber immerhin bequem. Und wenn du leise sprichst, wird man uns nich' entdecken. Die auf der Straße kümmern sich doch nicht um uns, oder? Ich hab' 'n paar Sandwiches mitgebracht.« Er nahm ein Päckchen aus seinem Anorak und wickelte es auf dem Teppich aus. »Dosenfleisch«, sagte er. »Und Banane.«
»Paß auf 'n Fußboden auf.«
»Minna macht sauber.«
Sie aßen die Sandwiches und hielten ihre Hände drunter, um die Krümel aufzufangen.
»Nich' so wie die von meinem Vater, fürcht' ich.«
»Er fehlt mir. Und diese Sonntag-Nachmittag-Tees.«
»Er ist so komisch kultiviert.«
»Was macht deine Mutter?«
»Sie *ver*fehlt ihn: Wenn er schnell ist.«
»Idiot.« Jan sammelte die Essensreste auf.
»Er ist ein guter Koch.«
»Ist das alles?«
»Zieh doch deinen Mantel aus. Du spürst sonst draußen die Kälte.«

Sie machten es sich auf dem Sofa gemütlich. Die Menge machte ihre Einkäufe und ging vorüber.
»Ich frag' mich langsam, ob wir überhaupt hier sind«, sagte Tom.
»Deine Mutter hat mir ein- oder zweimal geschrieben.«
»Hat sie mir nie gesagt.« Er machte ein Preisschild ab und befestigte es an seinen Jeans. »Meinst du, sie werden jetzt an uns glauben? Ich koste zwanzig Guineas ohne Abzüge. Was willst du sein? Ungeschnittner Mokett?«
»Du bist so geschwätzig. Warum?«
»Ich glaub', wir sind total geschmacklos. Dieser Bettvorleger sind doch nich' wir! Aber andererseits kann das auch niemals ein Raum für jemand anders sein. Wir sind Teile von anderen, künftigen Zeiten.«
»Was hast du?«
»Geschwätzig. Hummeln im Hintern.«
»Warum?«
»Weil ich verrückt nach dir bin, und der Augenblick, wo du aus dem Zug steigst, ist schon der Anfang der Trennung. Die Zeit rinnt uns aus den Händen. Ich lebe gar nicht mehr. Ich bin nur noch der Bahnhof von Crewe. Jeden Morgen wach' ich auf und hoffe, daß der Tag nur Traum ist und die Nacht wirklich. Du schreibst mir nich' sehr oft –«
»Mach ich doch –«
»Und ich fühl' mich so nichtig und einsam und miserabel und von Selbstmitleid überspült ohne dich, und ich hab' kein Geld, und ich bin fünfundzwanzig Kilometer mit Mutters Rad bis hierher gefahren, und wir sitzen in dieser öffentlichen Zurückgezogenheit, und nur dafür lebe ich, das ist die einzig wirkliche Zeit, und sowie wir sie fassen wollen, entschwindet sie wieder, und all unser Leben und

Arbeiten und Treiben ist davon abgetrennt und zwischenzeitlich, und wenn das alles schon nach acht Wochen so aussieht –«
»Kann ich Ihnen helfen, Sir?« fragte ein Verkäufer.
»Das möcht' ich bezweifeln.«
»Kann ich Ihnen helfen?«
»Sie könnten's, wenn Sie keine rhetorischen Fragen stellen würden.«
»Danke«, sagte Jan. »Wir gehen grad.«
»Das hatt' ich auch nich' nötig, zum Verkäufer grob zu sein«, sagte Tom auf dem Gehweg. Der Wind stieß böig gegen sein weißes Gesicht.
»Ich hab' nich' die ganze Zeit gewartet und bin den weiten Weg gekommen, nur um mich miserabel zu fühlen«, sagte Jan im British Home Stores.
»Es tut mir leid.«
»Das sagst du immer.«
»Ich seh' ja immer alles gleich ein.«
»Versuch mal abwechslungsweise, nich' so clever zu sein. Mehr positive Einstellung. Nichts ist verloren. Wenn wir getrennt sind, denk dran, daß das nächste Treffen immer näher kommt.«
»Jawohl, Schwester.«
»Die Flasche ist halbvoll, nicht halbleer.«
»Sie war mal voll bis zum Hals und schäumte über.«
»Das ist sie immer noch, wenn du genau drüber nachdenkst.«
»Diese Cafeteria ist ein Rinderpferch.«
»Ich plätt' dir gleich eine!«
»Trotzdem gar nich' so schlecht. Um es mit der Evolutionstheorie auszudrücken: In zwei Millionen Jahren von Olduvai Gorge bis Crewe; das haut einen ganz schön um.«

»Und du weichst vom Thema ab.«
»Nein. Dein Argument ist stichhaltig. Mein Verhalten war negativ.«
»Seit wann gibst du ohne Streit nach?«
»Wenn man unrecht hat und ist durchschaut, sollte man lieber der erste sein, der das sagt.«
»Das heißt immer noch, sich vor der Schlußfolgerung drücken.«
»Ich weiß.«
Sie zogen von Geschäft zu Geschäft, blieben überall so lang, bis sie bemerkt wurden; schließlich fanden sie eine überfüllte Bingo-Halle, die so geschäftig und voller Rauch war, daß sie sich in Ruhe hinsetzen konnten. Sie beobachteten ganze Familien, die aufgereiht waren voller Spannung vor ihren beleuchteten Tafeln, während Kinderwagen und Kinder auf dem Fußboden herumrollten.
»Elterntag auf Cape Kennedy«, sagte Tom. »Guck nur, wie konzentriert die sind.«
»Und alles wegen nichts.«
»Zufällige Auswahl hat schon was für sich in einem kausalen Universum.« Tom sah auf die bunten numerierten Kugeln, wie sie im Luftstrom tanzten, bevor sie in die Gewinnauswahl gesaugt wurden. »Die Wahrscheinlichkeit, daß du und ich uns begegnet sind, war auch nicht größer.«
Die Bingo-Litanei wurde durch Lautsprecher intoniert.
»Die Frau da hat einen Brocken Kohle vor sich liegen.« sagte Jan.
»Warum nicht?«
»Das is' doch primitiv! Sie benimmt sich, als ob 'n Talisman Einfluß auf die Dinge hätte.«
»Vielleicht stimmt's.«
»'n Brocken Kohle?«

»Da könnt' doch 'n Fossil drin sein«, sagte Tom.
Der Tag verging.
Bei einbrechender Dunkelheit gingen sie zurück zum Bahnhof.
»Hast du auch Orion nicht vergessen? Zehn Uhr?«
»Jede Nacht«, sagte Jan. »Die Mädchen müssen mich schon für beknackt halten.«
»Er wird hoch genug stehen, wenn du am Bahnhof Euston ankommst.« Er löste eine Bahnsteigkarte. »Ich hab' drüber nachgedacht, was du sagtest. Wir wollen keine Abschiedsszenen, oder? Sobald der Zug kommt. Ich werd' nich' warten. Der Zug ist der Anfang unseres Treffens.«
»Ja.«
»Dann lächle doch.«
Der Zug schlängelte sich über die Weichen. Tom öffnete eine Tür.
»Hallo«, sagte er.
»Hallo.«

»IST NICHT MEIN WORT wie ein Feuer? sagt der Herr; und wie ein Hammer, der die Felsen in Stücke schlägt —«
»Ich hätt' ihn zerschlagen sollen«, sagte Thomas. »Der Pfarrer sagt's mir auch.«
»Du Riesenschafskopf«, sagte Margery. »Er spricht doch über die Iren.«
»Laßt uns beten«, sagte der Pfarrer.
»Einst war kein Versucher, und Du warst der Grund, daß er nicht war. Einst war nicht Zeit und nicht Raum, und Du warst der Grund, daß sie nicht waren. Dann war gegenwärtig der Versucher, und es ermangelte nicht des Raums

und nicht der Zeit; doch Du hieltest mich zurück, daß ich nicht nachgeben möge.

Der Versucher kam voller Dunkelheit, nach seiner Art; doch Du machtest mich hart, auf daß ich ihn verachten möge.

Der Versucher kam in Waffen und mit Macht, doch auf daß er mich nicht überwinde, hast Du ihm Einhalt geboten und mich gestärkt.

Der Versucher kam in Gestalt eines Engels des Lichtes, doch auf daß er mich nicht betröge, hast Du ihn zurechtgewiesen, und auf daß ich ihn erkennte, hast Du mich erleuchtet.

Denn er ist der große rote Drachen, die alte Schlange –«

»Na holla«, sagte Margery, »er hat bis jetz' nich' ein einziges Mal Luft geholt.«

»– welche mit ihrem Schwanze den dritten Teil der Sterne des göttlichen Firmaments hinabzieht und sie zu Boden wirft –«

»Mister Jaeger«, sagte Dick Steele, »Sie haben doch nichts dagegen, wenn wir weitermachen, oder?«

»Tut, wie ihr glaubt tun zu müssen«, sagte der Pfarrer.

»Ich zweifle, daß man Musketen durch Gebete fernhalten kann, und der Wall da muß noch fertig werden.«

»Ihr seid in dieser Kirche willkommen«, sagte der Pfarrer.

»Doch belaßt die Toten in ihrer Ruhe.«

»Unter denen kümmert sich keiner drum, ob er vorm Jüngsten Tag noch mal herumgestoßen wird.«

»Wenn ihr Kampf erwartet, müßt ihr die Garnison in Crewe benachrichtigen.«

»Die wissen längst Bescheid«, sagte John. »Aber meinst du, die sind gekommen? Und wenn sie kämen?«

»Ein Pferd frißt seinen Anteil, egal wessen Rock der Reiter trägt«, sagte Dick Steele.
»Mir is' es einerlei«, sagte Randal Hassall. »Scheißegal, wie sich 'n Mann nennt, der mir meine Kühe wegnimmt. Weg sind se' so und so, verdammt noch mal!«
»Sie treten uns mit Füßen«, sagte John.
»›Uns‹?« fragte der Pfarrer.
»Sie haben uns mit Füßen getreten und beraubt – und sie werden's nich' noch einmal tun.«
»'n Strohdach brennt, ohne daß man sich zu einer Seite bekennt, Herr Pfarrer.«
»Und meins hat – verdammt noch mal! – gebrannt. Zweimal. Einmal für den König, einmal fürs Parlament. Und als Dank geerntet: hab' ich nich' mal 'n warmen Händedruck. Von keinem.«
»Ich habe euch hier zur Sicherheit zusammengerufen«, sagte der Pfarrer. »Die Iren sind hungrig und nackt, in ihren Bäuchen nichts als jahrelangen Kampf. Wir sind für sie nicht von Wichtigkeit. Ist es nicht besser, Nahrung und Kleidung zu verlieren als das Leben und Haus und Hof? Erzeigt euch weihnachtlich in euren Herzen.«
»Das Gebet, das du angefangen hast«, sagte John, »endet es nicht: ›Aber Du, o Herr, errette uns vor dem Netz des Jägers‹?«
»Da hast du's ihm aber gegeben, verdammt noch mal.«
»Hüte deine Zunge, Mister«, sagte der Pfarrer zu John, »besonders in der Gesellschaft, die du dir ausgesucht hast.«
»Was meinst du?«
»Die es ablehnen zu herrschen, werden von solchen beherrscht werden, die geringer sind als sie selbst«, sagte der Pfarrer auf Griechisch.

»Aber wer beherrscht die Herrscher?« antwortete John auf Lateinisch.

»Is' doch schön, mal wieder die gute alte Kirchensprache zu hören«, sagte Jim Boughey. »Die Gottesdienste sind nicht mehr das, was sie waren, seit wir sie verstehen.«

»Leg dich wieder schlafen«, sagte John. »Dick, wir lassen den Wall sein. Eine Wache auf den Turm. Margery, hilf bei den Frauen. Thomas, hol die Kühe am Nord-Tor und bind sie an. Richtet euch hier ein. Macht zwei Bankreihen zu Brennholz, aber paßt auf, daß die Binsen nicht Feuer fangen. Vater – wenn du Gebete hast – es tut mir leid.«

Der Pfarrer sah von der Kanzel herab. »Ich habe Gebete«, sagte er. »Und Glauben. Kannst du mehr erreichen?«

»Was immer ich will«, sagte John.

»Oh?« Die Stimme des Pfarrers war kalt. »Kannst du die Bande des Siebengestirns zusammenbinden? Oder das Band des Orions auflösen?«

»Hiob achtunddreißig – einunddreißig. Aber ich werde meine eignen Worte finden. Sag du deine Gebete.«

»Steck das gut weg«, sagte Margery. Sie nahm ein Bündel unter ihrem Tuch vor und gab es Thomas. »Und mach ihn nich' kaputt, solange ich weg bin.«

»Klar, Madge.«

Funken sprühten, und ein dünner Faden Rauch kräuselte zum Dach. Thomas verstaute das Bündel unter seinem Hemd, öffnete das Nord-Tor und brachte die Kühe vom Friedhof herein. Kinder begannen, ihre Spiele einzurichten. Die Männer der Wache, die nicht auf dem Turm waren, machten Würfelspiele an der Wendeltreppe. John ging von Gruppe zu Gruppe. Der Geruch von Leben füllte die Kirche.

»Es ist ihr Unterrock«, sagte Thomas und öffnete zufrie-

den und verstohlen sein Hemd, damit John ihn sehen konnte. »Aus unsrer Hochzeitsnacht. Einen Sonntag haben wir die ganze Wulvarn abgelaufen nach Erlenborke, um ihn zu färben.«
»Dann bewahr ihn mal gut auf, du Heide«, sagte John. »Und auch den Donnerkeil. Beides bedeutet ihr viel, denk' dran. Zerschlag ihn nicht.«
»Die Lesung ist aus dem sechzigsten Buch des Jesaja«, sagte der Pfarrer, »und beginnt mit dem ersten Vers. ›Mache dich auf, werde Licht; denn dein Licht kommt, und die Herrlichkeit des Herrn geht auf über dir. Denn siehe, Finsternis bedeckt das Erdreich, und Dunkel die Völker.‹«
»Ich will ihn ja nich' zerschlagen. Jetz' nich'. Bestimmt. Nich' mit dem Unterrock und so.«
»Du bist vernarrt, Thomas Rowley. An die Arbeit!«

»Keine Post?«
»Tantchen Evelyn und Onkel Peter, Tantchen Marina, Mr. und Mrs. Harrison: eine Karte aus London. Vater kommt gleich nach Hause. Und ich will dich nich' in der Küche haben. Das verdirbt nur das Festessen.«
»Ich werd' mein Griechisch noch 'n bißchen aufpolieren«, sagte Tom. Er legte sich aufs Bett und stülpte die Hörer über.
Der Wohnwagen nickte kurz, als Toms Vater die Stufen vom Autoschuppen hinauf kam. Er hielt eine rechteckige Schachtel gegen seine Brust. Tom merkte, wie seine Eltern in der Küche hin und her liefen. Er gab ihnen fünf Minuten, dann schloß er sein Buch.
»Fertig?« fragte er.

»Ja.«
Er ging in die Küche. Sie saßen am Tisch.

»– happy Birthday, dear To-hom;
happy Birthday to you!«

Er sah auf den Kuchen in der Mitte des Tisches. »Hast du das gemacht?«
»Wie findest du's?« fragte sein Vater.
»Is' ja unglaublich.«
Der Kuchen hatte die Form einer Lokomotive, mit peniblem, gefärbtem Zuckerguß, und an der Seite war das Regimentsabzeichen seines Vaters.
»Gefällt's dir?«
»Is' ja –«
»Ich hab' mir vielleicht den Kopf zerbrochen, um ein Thema zu finden«, sagte sein Vater, »ein Motiv: Ich dachte, wir müßten unbedingt zeigen –«
»Is' ja –«
»– Wir müßten unbedingt zeigen, daß du weit vorankommen wirst.«
»Is' ja prima!«
»Er hält große Stücke auf dich«, sagte Toms Mutter. »Dir gefällt sie nicht, oder?«
»Du mußt doch Jahrzehnte gebraucht haben –«
»Och, hier 'ne Stunde und da 'n bißchen –«
»Die ganze letzte Woche hat er bis spät in die Nacht gesessen. Heute morgen ist er nich' vor drei nach Hause gekommen.«
»Danke«, sagte Tom. »Dank' dir vielmals. Danke.«
»Und nu' die Geschenke«, sagte seine Mutter.
»Wir wußten nich', was wir dir geben sollten –«
»'s ist nur 'ne Kleinigkeit –«

»Das wär' doch nich' nötig gewesen –«
»Und du wächst so schnell –«
»Ach wirklich?«
»Wir konnten uns nich' vorstellen –«
»Jedenfalls –«
»Is' doch schon gut«, sagte Tom.
»Naja, mach sie mal auf.«
Im ersten Päckchen waren ein Schlips und zwei Paar Sokken.
»Du kannst sie umtauschen, wenn sie unnütz sind.«
»Nein. Sie sind prima. Danke.«
»Oder ich nehm' sie«, sagte sein Vater.
»Aber nicht doch«, sagte Tom. Er wickelte das Geschenk seiner Mutter aus. Es war ein Notizbuch mit Klebebindung und Blattgold-Titel: ›Bücher die ich gelesen habe‹.
»Es hat Spalten fürs Datum, Namen und Anmerkungen«, sagte seine Mutter.
»Ja. Ja. Stark. Danke.«
»Das is' alles«, sagte sein Vater. »Wir konnten nichts finden, was als, als, naja, was man ein wirkliches Geschenk nennen könnte.«
»Macht doch nichts«, sagte Tom.
»Aber wir werden schon eins besorgen: später, irgendwie.«
»Eigentlich«, sagte Tom, »hätt' ich lieber das Geld.«
»Kommt nich' in Frage«, sagte seine Mutter. »Du verklekkerst es nur.«
»Das wär wie 'n Geschenkgutschein«, sagte sein Vater.
»Nich' die geringste Überlegung dahinter.«
»Wir sparen noch«, sagte seine Mutter. »Zu Weihnachten kriegst du was ganz Besondres.«
»Na denn.« Sein Vater räumte das Einwickelpapier weg.

Er faltete jeden Bogen zusammen und arrangierte die Geschenke links und rechts vom Kuchen, wobei er das Buch mit einem Teller abstützte. Kuchenbrötchen, Trifle-Biskuits, Marmeladentörtchen und Gelee in zwei verschiedenen Geschmacksrichtungen: und Limonade. »Na denn.« Er stellte den Fotoapparat ein. »Tu so, als ob du den Kuchen anschneidest. Fertig? Stillhalten.«
Blitz.
»Noch eins.«
Tom saß da und schaute auf den Tisch. »Ich bin euch sehr dankbar —«
»Natürlich, mein Junge«, sagte seine Mutter. »Jetzt iß mal 'n Trifle-Biskuit. Magst du doch am liebsten.«
»Was hat denn Janet geschickt?« fragte sein Vater.
»Eine Karte.«
»Kein Geschenk?« fragte seine Mutter.
»Wir hatten abgemacht —«
»Krankenpflege wird nich' sehr gut bezahlt«, sagte sein Vater. »Das is' mehr so 'ne Art Berufung.«
»Sie wird doch sonst noch Einkünfte haben.«
»Sie lebt nur von ihrem Gehalt«, sagte Tom.
»Trotzdem, sie hätte ruhig was schicken können«, sagte seine Mutter. »Immerhin konnte sie sich's leisten, dies' Jahr wer weiß wo hinzufahren.«
»Paketpost kommt öfter mal später —«
»Gib's auf«, sagte Toms Mutter. »Siehst du nicht, daß du ihn nur aufregst?«

»Wann kam der Gott zu dir?« fragte sie.
»Kam er denn«, sagte Macey.
Er saß mit ihr am Feuer. Sie malte ihn wieder an mit dem Farbstoff der Erle. Der Herbst war vorüber. Logan hatte die Männer zwischen den spitzen Felsen Hütten bauen lassen, leere Demonstrationen der Stärke. Kein Eingebornenstamm hatte sich sehen lassen, und in der Zwischenzeit hatten sie ihr Haar lang wachsen lassen und sich tätowiert, um ihre vom Tragen der Rüstung welke Haut zu verdekken.
»In dir hat der Gott Barthomley angegriffen, und du konntest nicht getötet werden.«
»Ich bin außer mir, wenn Macey tötet.«
»Dann ist der Gott in dir.«
»Nicht mehr.«
Sie zog seine Braue mit dem roten Saft nach. »Was für ein Gott ist er?«
»Ich erinn're mich nich'. Ich weiß nich' mal, wer mein Vater war. Ich erinnere mich nur noch an die Axt. Ich war sieben als die Römer kamen, und ich lag neben einem Karren, während die Hütten brannten, und durch die Speichen sah ich auf die Flammen im Strohdach. Das Rad drehte sich noch – dann war ich in einem Zelt der Römer. Sie sagten, ich hätte elf Männer getötet. Logan stoppte mich. So war's. Ich kann nich' kämpfen. Er weiß Bescheid über die Axt. Manchmal bringt Logan mich auf Touren. Macey tötet. Darum behalten sie ihn. Darin ist er gut.«
»Schließ deine Augen.«
Er machte es sich gemütlich und langte nach ihrem Ohr.
»Nur das will ich.«
»Fühlst dich sicher?«
»Sich'rer.«

»Immer noch Angst?«
Er kuschelte sich an sie.
»Wovor denn?«
»Immer 's gleiche. Blau silber. Und rot. Und. Und vor dem Ding, das ich sehe.«
»Erzähl es mir«, sagte sie. »Hab keine Angst.«
»Manchmal. Wenn ich auf Wache bin, und ich hab Angst, und blau silber – kein Lager mehr – nur noch leer – nichts von dir. Nichts von dir. Felsrand seh ich – einen Turm. Er macht mir Angst. Hast du Angst?«
»Ich bin nicht der, der es sehen muß.«
»Da is' noch mehr. Als ich blau silber loslegte bei Barthomley, da hab' ich auf dem Begräbnishügel einen Turm zwischen den Hütten gesehen. Im Turm gab's 'ne Tür, und ich rannte, um mich vor Macey zu verstecken solange er tötete. Ich rannte durch ein großes Tor, in einen Steinwald rein, ganz finster war der, aber die Sonne schien zwischen den Bäumen bis runter, in allen möglichen Farben, und ich weiß, daß Nacht war. Aber Macey hat nicht getötet. Ich war's. Ich hab' eure Männer getötet unter dem Turm in dem Steinwald aber es gab keinen.«
»Was weiter? Du hast die Männer wirklich getötet: Warum soll der Rest nicht auch wahr sein?«
»So Sachen.«
»Was für Sachen?«
»Alles mögliche. Ich kann's dir nich' sagen. Sachen. Hab' keine Worte dafür. Sachen. Nich' wirklich. Niemals vorher. Gibt's die? Diese Sachen? Die ich sehe?«
»Schließ deine Augen«, sagte sie. »Denk nicht mehr dran.«
»Du glaubst mir nicht.«
»Ich glaube dir. Wir sind diejenigen, die nicht sehen kön-

nen. Kann sein, wir sind glücklich. Warum kommt das Blau Silber?«
»Weißnich. Es kam. Als. Ich den Mann tötete. Hab' die Axt benutzt. Macey tötet ihn nich'. Macey tötet ihn nich'. Macey is' weg. Ich hab' Angst. Axt und Macey mögen's nich', wenn ich töte. Sie verlassen mich. Aber ich kann nich' auf meine Kameraden aufpassen. Ich brauch' Macey und Steinaxt.«
»Sind sie deine Kameraden?«
»Alle. Alle glänzend. Sie passen auf mich auf. Sie passen auf Macey auf.«
»Magst du die?«
»Sie sind meine Kameraden.«
»Bist du nicht böse? Empört, was sie getan haben. Ihr Kind. In mir.«
Er zitterte. »Das folgt aufs Töten.«
»Flicken, was zerbrochen ist?«
»Ich kann keine Steinaxt flicken.«
»Du wirst einen Weg finden.«
»Wie?«
»Du wirst sehen.«
»Kann sein, sie behalten mich nich', wenn sie merken, daß ich zu nichts nütze bin, wenn sie merken, daß Macey weg is'.«
Sie lächelte. »Kann sein.«
Logan betrat die Hütte. »Da is' 'n Trupp mit Maultieren aufm Kogel. Was soll das?«
»Sie werden nicht angreifen«, sagte sie.
Face kam herein. »Du hast doch nichts in dem Felsenloch gelassen, oder?« sagte er zu Logan.
»Nein.«
»Wenn sie glauben, daß wir da drin waren –« Face wandte

sich an das Mädchen. »Ein Wort von dir und ich schlitz' dir die Kehle auf, OK? Logan, du bleibst drin. Dir würd' man den Eingebornen noch nich' abnehmen. Wir werden sie verscheuchen, Magoo und ich. Macey – raus. Mach schnell.«

»Sie werden nicht angreifen«, sagte sie.

»Denk dran«, sagte Face. »Ich kenn' deine Schliche. Du kannst mich nich' für dumm verkaufen.«

Magoo pfiff von der Klippe her, und Face rannte zu ihm. Das Mädchen schleppte sich quer über den Fußboden. »Hebt mich auf eine Bank«, sagte sie. »Holt mir einen Mantel.« Logan und Macey halfen ihr auf. »Ihr beide«, sagte sie, »dürft nicht sprechen.«

Magoo und Face beobachteten die Männer, wie sie über den Kamm näherkamen.

»Fünfe sind's«, sagte Magoo. »Wir könnten sie einzeln auseinandernehmen. Wozu kommen sie?«

»Religiöse Gründe«, sagte Face. »Einmal mußte es so kommen.«

»Wenn wir sie zu dicht ran lassen, merken sie, daß wir unterbesetzt sind.«

»Was würden denn Mütter tun, wenn sie was hätten, was eine andrer Stamm haben will?«

»Es behalten.«

»Aber wenn die Mütter selbst es gar nich' haben wollen?«

»Trotzdem behalten.«

»Aber wenn sie keinen Krieg aufm Hals haben wollen, so wie wir's jetz' nich' mit ganz Cheshire aufnehmen wollen?«

»Was meinst du?«

»Wir müssen mit den Fünfen ins Geschäft kommen und sie trotzdem hinters Licht führen.«

»Ich sag', wir blasen sie um.«
»Wir töten niemand: nicht auf diesem Berg.«
»Hinter was sind die denn her?«
»Mühlsteine. Aus dem Loch da. Sie werden alles tun, um sie zu kriegen; aber sie werden keinen Kampf wollen. Der Schutz funktioniert nach beiden Seiten.«
»Dann is' das also unser Geschäft. Schutz.«
»Wie stellen wir's an?«
»Niemand streitet sich mit 'ner Mutter.«
»Kannst du bluffen?«
»Na paß auf!«
Magoos Silhouette stand hoch aufgerichtet. Die Männer hielten.
»Na denn«, sagte Magoo. »Runter von dieser Heimet!«
Einer der Katzen-Männer kam heran und hielt seine Arme ausgebreitet. »Wir haben nur Hämmer und Meißel und ein paar Hebeeisen«, sagte er.
Die anderen Männer entrollten Wolfsfelle und setzten Getreidesäcke ab. »Für den Steinbruch«, sagte der Katzen-Mann.
Magoo warf einen raschen Blick zur Seite auf Face.
»Und ihr werdet uns mit Barthomley sprechen lassen?« fragte der Katzen-Mann.
»Na holla«, sagte Face. »Treib's nich' zu weit. Da steckt mehr hinter, als 's aussieht.«
Logan hatte das Brennmaterial in allen Hütten entzündet und noch Gras aufgelegt, damit viel Rauch entstünde. Die Siedlung war bewohnt.
»Du und noch einer, ihr bringt die Sachen. Ihr übrigen bleibt wo ihr seid«, sagte Magoo. »Und paß auf sie auf: Laß sie nich' zu nah an Logan«, sagte er zu Face. »Ich bleib hier.«

Face nahm die Männer mit zur Hütte. Macey saß draußen, seine Haut rot gefärbt. Die Männer machten einen Bogen um ihn.

Im Inneren der Hütte wartete das Mädchen. Logan hatte sich den tiefsten Schatten ausgesucht, weg vom Licht und vom Feuer.

Der Katzen-Mann kniete vor ihr nieder. »Ihr Befinden?« fragt er.

»Die Göttin befindet sich wohl«, gab sie zurück.

»Bei der Sache bleiben«, sagte Face.

»Wir sind von Bosley. Erlaubt uns die Göttin den Stein?«

»Sie erlaubt.«

»Ist der Stein rein?«

»Er wird es sein.«

»Die Opfer —«

»— werden gebracht.«

»Dort sitzt ein Roter. Wo hat er getötet?«

»Barthomley.«

»Wir haben Roggen gebracht.«

»Er wird gebraucht.«

»Hat die Göttin ihren Stein?«

»Sie hat ihn.«

»Wie herum mahlt er?«

»Mit dem Sonnenaufgang.«

Der Katzen-Mann verließ die Hütte. Er hielt neben Macey, ohne ihn anzusehen. »Möge der Gott von dir weichen«, sagte er.

Macey saß still.

Der Katzen-Mann kam zurück zur Türschwelle. »Glückwunsch, Sergeant-Major«, sagte er auf Lateinisch. »Sie haben schon toll was gemacht aus diesen Kerlen.«

Face rannte los.

»Sie sind unten in der Grube«, sagte Magoo.
»Ich hab' auch was für dich«, sagte Face. »Sie wissen, wer wir sind, was wir sind, und du kannst wetten, sie wissen auch, wie viele wir sind.«
»Ich hielt's schon die ganze Zeit über für verdammt ruhig. Knöpfen wir uns diese Hinterlader vor. Wär' doch wie Entenschießen.«
»Wir können's nich' riskieren. Dies ist ihr heiliger Berg, und der Steinbruch da ist der Mittelpunkt.«
»Deswegen keine Kampfhandlungen?«
»Mir gefällt's nich'.«
»Die Abgaben sind gut.«
»Sehr gut. Felle für den Winter, und genug Roggen bis zum Frühling: Als wenn sie uns pflegen wollen.«
»Was war mit dem Mädchen?«
»Sie ist eine Korn-Göttin, und solange sie glauben, daß sie OK is' –«
»Aha.«
»Ich hab's schon vermutet, als wir sie fanden. Sie hatte alle Zeichen an sich. Und bis zum Frühling wird sie noch 'n paar mehr haben – und das könnte sehr unbekömmlich für uns werden.«
»Wo sind wir bloß gelandet?«
»Auf 'nem verdammt kalten Kogel.«
Den ganzen Tag über arbeiteten die Katzen im Steinbruch, schnitten den Stein in flache Blöcke, die sie auf die Maulesel verluden. Sie sangen beim Arbeiten, und bei jedem Stück, das losgewuchtet wurde, gossen sie Bier auf den Berg. Magoo beobachtete sie.
Logan saß mit Face draußen vor der Hütte. »Sie haben's sicher schon den Tag gewußt, als wir hier rauf zogen. Die ganze Pantomime für nichts und wieder nichts.«

Face zerstach die Erde mit einem Messer. »Und sie haben sich nich' an uns rangewagt.«
»'ne Vorstellung warum?«
»Das Mädchen. Oder wir sind zu irgendwas nütze. Aber keine Fehde wegen Barthomley: Und sie lassen uns auf ihrem Berg bleiben. Ich werd' nich' schlau draus. Ich meine, wir sollten den Winter über hier ruhig sitzen bleiben und kommendes Frühjahr irgendwo hinzieh'n. Wenn sie uns lassen und sie nicht über uns herfallen.«
»Dieser ganze Eingebornen-Zirkus, und sie wußten –«
»Wir bleiben lieber dabei«, sagte Face.
»Jah. Aber ich fühl mich derartig bescheiden!«
»Sie räumen zusammen und gehen«, rief Magoo. »Jetzt reinigen sie auch noch diesen verwichsten Platz.«
»Heh! Was macht denn Macey da?«
Macey hatte ein Schwert ergriffen und schwang es über seinem Kopf.
»Ich rette euch! Rette meine Kameraden! All' meine glänzenden Kameraden! Tod den Katzen! Tod den Katzen! Schaut nur, wie ich flippe!«
Er rannte auf sie zu. Die Maulesel waren in einer Reihe auf dem Kamm zusammengebunden, fertig für Bosley.
»Das is' doch nicht echt«, sagte Logan. »Kid! Komm zurück!«
»Tod den Katzen! Glänzende Kameraden!«
Er sprang herum, fuchtelte mit dem Schwert. Die Katzen hielten inne. Er tanzte um sie herum und schrie sie an. Sie ignorierten ihn. Dann war er zu weit von den Hütten weg, und er hielt an wie ein verirrter Hund und kam winselnd den Abhang herunter. Magoo nahm ihm sein Schwert weg und stellte ihm im Vorbeigehen ein Bein. Macey rollte und kroch runter zu den Hütten. Logan und Face nahmen ihn

hoch und fesselten ihn drinnen. Er griff nach dem Mädchen, und sie hielt ihn.
»Mach' keine Dummheiten, Kid.« Noch nie hatte Face solch einen Ausdruck in Logans Augen gesehen. Voller Schmerz waren sie. »Spiel doch nich' den Soldaten.« Er sprach zu Face. »Is' aus mit Kid. Schöne Neunte!«
Logan schüttelte das Mädchen. »Was is' das für 'n Platz? Warum hol'n die hier Steine?«
Sie ließ nicht von Macey ab.
»Was is' besondres am Mow Cop?« rief Logan.
»Er ist der Bodenstein der Welt«, sagte sie. »Die Himmelsmühle dreht sich auf ihm zum Sterne-Mahlen.«
»Warum sind wir nicht angegriffen worden?«
»Der Fels ist dem Mehl des Himmels geweiht.«
Magoo kam quer über den Abhang gepoltert. Er war außer Atem, aufgeregt, und etwas Schweres schwingend langte er bei der Hütte an. Er warf es über den Fußboden, es fiel auseinander und erwies sich als Menschenköpfe.
»Sobald sie von ihrem feinen Berg runter waren«, sagte Magoo.
»Was zum Teufel bezweckst du damit?« fragte Logan.
»Wir sind Mütter, oder nich'?«
»Sie wissen, daß wir keine sind.«
»Sie wissen's jetzt besser.«
»Es waren fünf. Hier sind nur vier.«
»Ja, schon, Einen lassen wir immer laufen – damit er dem Rest bestätigen kann, was passiert ist.«

»Sie waren ja so sehr besorgt, wirklich besorgt.«
»Wußtest du das nicht?« fragte Jan.
»Aber es ging ihnen überhaupt nicht um mich. Es ging um Klein Bubis Geburtstag. Limonade: immer nur Limonade. Und dann schoß sich meine Mutter auf dich ein, weil du mir nich' mehr geschickt hast als die Karte.«
»Tratsch tratsch tratsch tratsch tratsch«, sagte Jan. »Du bist genau so schlimm wie sie. Na jedenfalls hab' ich ein Geschenk für dich.«
»Aber wir wollten doch sparen —«
»Es war auch nich' die Rede von was Gekauftem. Komm weiter.«
Sie hatten sich in Crewe vor der Sperre getroffen, um nicht Geld für eine Bahnsteigkarte ausgeben zu müssen. Jan nahm ihn beim Arm und ging vom Bahnhof weg.
»Was is' es denn?« fragte Tom.
»An deinem Geburtstag darfst du dich nich' selbst bemitleiden, hab' ich beschlossen. Wir werden jede einzelne Minute genießen.«
»Ich hab' doch nur meine Meinung gesagt, weiter nichts.«
»Mach' das im Wohnwagen, nich' hier.«
Die rauchige Bingo-Halle war die gleiche geblieben, mit den gleichen Leuten: Die Kugeln tanzten wie Atome, um in Übereinstimmung zu kommen mit Zahlen auf den hellen Tafeln.
Der Frost war früh gekommen. Die letzte Sonnenwärme wurde vom Nebel verschluckt. Tom und Jan trieben sich bei den Geschäften herum. Die besten Wärmestrahler waren über der Tür von ›Marks & Spencer‹, und im ›Fine Fare‹-Supermarkt war alles bunt, aber man konnte nur schwer für sich sein. Die Spiegel waren wachsam.
»Glücklich?« fragte Jan.

»Sehr.«
»Ich auch.«
»Da leben wir weit auseinander, sind so abgebrannt, daß wir nich' essen gehen können, werden von Eltern geplagt, hängen rum vor den Türschwellen der Geschäfte, in dieser gottverlassenen Stadt, bloß um uns ein bißchen zu wärmen und sind total glücklich.«
Von der Decke klingelte Musik, dazwischen Einflüsterungen, die zum Kaufen überredeten.
»Weißt du, was Crewe ist?« fragte Tom. »Das äußerste an Realität. Deswegen kommen wir da nich' ran. Jeder dieser Läden ist voll von allen Aspekten eines Teils der Existenz. Woolworth is' 'n Werkzeugschuppen, Boots ein Badezimmer, British Home Stores 'ne Kleiderkammer. Und wir laufen durch all' das durch, aber wir können uns nich' die Zähne putzen, oder 'ne Sicherung flicken, oder unsre Socken wechseln. In diesem Supermarkt würdest du verhungern. Es ist alles so wirklich, wir sind nur Schatten.«
»Was hältst du von 'nem flotten Spaziergang vorm Essen?«
»Aber verstehst du denn nicht?«
»Natürlich nich'. Deswegen liebe ich dich ja.«
»Bin ich wirklich die weite Reise wert?«
»Idiot –«
»Und die ganze Hysterie und der Wohnwagen?«
»Jetzt willst du nur wieder hören, wie toll du bist.«
»Wenn du wüßtest –. Na egal.«
»Männer! Warum kannst du nicht akzeptieren, daß wir froh und glücklich sind, entgegen aller Wahrscheinlichkeit, und es dabei belassen?«
»Es gibt so viele Widerstände.«
»Aber solange wir wir selbst bleiben, wird die Verbindung

zwischen uns nur stärker. Denk doch: Durch Liebe sind wir gemacht für die Liebe.«
»Durch Liebe, für Liebe.«
»Ja.«
»Und du weißt das.«
»Ja.«
»Das ist der Unterschied.«
»Was für 'n Unterschied?«
»Auf mich trifft das nur zum Teil zu. Ich wünschte bei Gott, es wäre so. Tom ist kalt.«
»Ich kenn' das Gegenmittel.«
»Ich auch.«
»'n flotten Spaziergang!« sagte Jan.
Sie gingen einfach drauf los. Weiter entfernt von der Fußgängerzone bestand die Stadt nur noch aus den terrassenförmig angelegten Häuserreihen, und die Straßen waren voller Lärm.
»Hier is' es schon besser«, sagte Jan. Sie hatten eine Eisenbahnbrücke überquert und waren in eine ruhige Gegend zwischen den Häusern geraten. Ein Junge auf einem Fahrrad überholte sie und verschwand an der gegenüberliegenden Ecke des Platzes. »Da geht 'n Weg durch.«
Der Pfad lief hinunter zu einer anderen Straße, doch direkt vor ihnen war eine Lücke in den Terrassen. Zwei Giebel berührten sich beinahe.
»Ich frag' mich, warum sie's nich' ganz tun«, sagte Tom. Der Durchlaß war breit genug, und weiter unten kamen sie zu einem offenen Platz, dessen Abschluß Häuser bildeten.
»Äußerst merkwürdig —«
Vom Platz aus setzte sich der Pfad fort, mit Katzenkopfpflaster und von Hecken überwachsen, die sich zu einem Tunnelbogen schlossen.

»Das ist alt«, sagte Tom. »Älter als Crewe.«
Der Pfad fiel steil ab durch die Stille bis zu einer Brücke über einen Fluß, dahinter stieg er wieder an. Jedesmal wenn er auf eine Straße stieß, gab es wieder einen Weg, der weiter lockte, vorbei an Flußufern und Einmündungen.
»Wenn man auf der Straße geblieben wäre, hätte man das nie gesehen«, sagte Tom. »Er schneidet immer im rechten Winkel, genau wie die Gassen.«
Manchmal war er breit wie eine Straße, obwohl er nur Kindern zu gehören schien, doch sogar deren Spiele waren verstummt.
»Hast du irgend 'ne Vorstellung, wo wir sind?« fragte Jan.
»Mir ist das ›Wann‹ noch schleierhafter.«
Doch der Pfad hatte ein Ende.
»Ziemlich eindeutig«, sagte Jan. »Woll'n wir jetzt essen nach unserm flotten Spaziergang?«
Über einen Zaun sahen sie auf den Rangierbahnhof, die Anschluß- und Hauptgleise von Crewe.
»Nein.« Tom kletterte über den Zaun. »Der Pfad ist älter als die Eisenbahn.«
»Komm zurück!«
Er suchte sich seinen Weg zwischen den Gleisspuren nach den entfernten Bäumen auf der anderen Seite.
»Das ist gefährlich!«
Er bewegte sich wie auf einer Fährte, und sie mußte ihm über den Stahl folgen. Weichen schnappten blindlings, ohne Grund und Warnung: Nirgends konnte man sich verbergen, und überall waren Züge, und man konnte unmöglich wissen, auf welcher Spur sie ankommen würden. Hohe Masten trugen ganze Reihen von Lampen.
»Tom!«
»Ich bin einmal so tief in Blut gestiegen –«

Ein Express fuhr zwischen ihnen hindurch.
»– daß Umkehr grad so schwierig wär als weitergeh'n.«
»Scheiß Shakespeare! Es geht um uns!«
Sie holte ihn ein.
»Ich find' das gar nich' komisch. Diese Weichen. Wenn du da mit den Schlorren drin stecken bleibst –«
»Wir haben schon mehr als die Hälfte«, sagte Tom. »So geht's doch wirklich am schnellsten. Und könnten wir vielleicht 'n Zahn zulegen? Da versuchen einige Herren, unsre Aufmerksamkeit auf sich zu lenken.«
»Wundert's dich?«
»Ich hab's nich' gern, wenn du mit Fremden fraternisierst.« Tom lächelte. »Und außerdem hatte ich recht.« Sie hatten die andere Seite erreicht, und ein Pfad führte ins offene Land. »Woll'n mal sehen, wo's da hin geht, und dann essen wir. Du sagtest doch: ein flotter Spaziergang.«
»Aber doch nich' 'n Gewaltmarsch.«
»Eins muß man Crewe lassen: Es kennt seine Grenzen.«
»Was man von dir nich' behaupten kann.«
Die Veränderung war deutlich. Sie waren in weitem Akkerland. Der Frost hatte die Blätter absterben lassen, und mit Herbstende fielen sie herab. Es gab keine Stadt, einfach nur den Pfad.
»Bist du böse?« fragte Tom.
»Nein. Ich hatte Angst.«
»'tschuldige. Was dagegen, wenn wir weitergehen – und sehen, wo er aufhört?«
»Aber das kann doch wer-weiß-wo sein! In Hull!«
»Innerhalb vernünftiger Grenzen, natürlich.«
»Und wer bestimmt, was vernünftig ist?«
»Du.«
Sie lachte und legte ihre Arme um ihn.

»Das ist schon besser.«
»Offner und freier«, sagte Tom. »Die Geschäfte und die Menschenmengen sind mir egal: sie berühren uns nicht.«
»Ich wünschte aber doch, wir hätten etwas Geld: genug, um damit klarzukommen.«
»Warte, bis ich reich bin.«
»Soll ich?«
Der Pfad brach durch Hecken und ging über Feldwege, aber seine Richtung war immer deutlich.
»Wie steht's mit deinen Kräften?« fragte Tom.
»Prima. Ich könnt' ewig so laufen.«
»Wenn wir das Ende nich' erreichen, machen wir 'ne Stunde bevor wir umkehren müssen halt, dann brauchen wir nich' zu hetzen.«
Sie liefen durch hügliges Land, das vom Licht der kalten Sonne vergoldet wurde.
»Da würd' ich gern mal rauf, bei Gelegenheit«, sagte Jan. »Ich seh' ihn vom Zug aus, und dann weiß ich, daß du nicht mehr weit bist. Sieht aus, als ob 'n einsamer alter Mann oben drauf sitzt.«
»Wir können ja mal hingehen«, sagte Tom. »Aber wohl kaum noch heute, es sei denn, dir is' nach Rennen zumute.«
»Is' es 'ne Burg?«
»'ne künstliche Ruine. Nich' echt. Heißt Mow Cop.«
»Ich mag Berge. Könn' wir nich' mal hin, auch wenn's nur 'ne künstliche Ruine ist?«
»Sicher. Hab' ich doch gesagt. Aber wie wär's mit was Näherem für heute?«
Über die Felder ragte ein roter Sandstein-Kichturm aus einem Tal. Die Landschaft war ruhig, verstreute Bauernhöfe aus schwarzen Brettern und Balken, und der Feldweg führte zur Kirche.

»Ich wette, der Pfad endet dort«, sagte Jan.
»Auf jeden Fall für diesmal. Ich hab' Hunger.«
Sie kamen zur Ortsgrenze. Aus einer Hecke kam im Herbst ein Schild wieder deutlich zum Vorschein.
»›Barthomley‹«, sagte Jan.
»Kaum zu glauben.«
»Sowas Idyllisches.«
»Ein ›Besucht Britannien!‹ – Poster.«
Die Kirche stand auf einem langen, sich verjüngenden Hügel, der größer als der Friedhof war. Der Hügel stieß bis zum Feldweg vor. Unterhalb der Kirche waren einige wenige Hütten und ein strohbedecktes Gasthaus. Ein flacher Bach lief neben dem Weg her und wurde von einem Fußsteg überquert, der zum einzigen Laden führte.
»›Sankt Bertoline‹«, las Tom vor. »Noch nie was von ihm gehört. Mal sehen, was er zu bieten hat.«
Sie gingen durch die Turmtür. Die Kirche war leer und groß. Sie liefen herum und betrachteten die Gedenksteine.
»Die Zentralheizung zieht gut durch«, sagte Tom. »Und ich bin halb verhungert.«
Sie setzten sich in eine Bankreihe und teilten ihre Sandwiches.
»Was gibt's diese Woche?«
»Banane und Dosenfleisch. Ich wollt' mal 'n bißchen Abwechslung reinbringen.«
»Und was ist das Klietschige da?«
»Mein Geburtstagskuchen. Ich hab' dir das letzte Stück aufgehoben.«
Er wickelte den Führerstand der Lokomotive aus.
»Du solltest nicht über deinen Vater lachen. Ist doch 'n phantastisches Geschenk – und diese sorgfältige Arbeit.«
»Ich lach' gar nicht über ihn.«

»Du hast es aber mit Gewalt versucht.«
»Ich hab' nich' gelacht.«
»Du hast ihn runtergeputzt.«
»Is' ja nich' wahr!«
»Hast du aber.«
»Laßt keinen Streit sein:«, sagte Tom, »denn wir sind Brüder.«
»Wohl mal wieder Shakespeare.«
»Genesis dreizehn.«
»Woher soll ich das wissen«, sagte sie.
»Es ist genau vor dir in die Schranke eingeschnitzt.«
»Ich liebe dich«, sagte sie, »und der Kuchen is' Klasse.«
»Tom ist kalt.«
»Stell dir vor, die heizen die Kirche hier zum Spaß«, sagte Tom. »Ich wette, die is' die ganze Woche über leer.«
»Heb deine Krümel auf. Die Kirche ist nicht zum Spaß geheizt – sondern für uns.«
»Raum, Friede und Du«, sagte Tom. »Mehr brauch ich nich'«.
»Bittschön, hier sind wir.«
»Aber wir müssen gleich gehen.«
»Dies wird uns bleiben.«
»Könn' wir nächstes Mal nich' wieder hier her?«
»Nicht, wenn wir quer rüber über die Gleise müssen.«
»Ach bitte! Es ist so groß und ruhig hier, und wir können reden. Nich' quatschen. Zusammen.«
»Ich würd' gern.«
»Wie wär's mit Weihnachten?«
»Ich hab' mich freiwillig zum Dienst eingetragen. Die Mädchen springen gern mal mit ein, wenn's einer nichts ausmacht zu bleiben. So hat dann jede weniger zu tun. Vielleicht kriegen wir dafür einen Extratag.«

»Aber keine Geschenke. Jeder Pence wird hierfür aufgespart. In Ordnung?«
»In Ordnung. Und für Mow Cop.«
»Wenn wir's schaffen.«
Eine Tür öffnete sich, und ein Luftstrom zog durch die Kirche, der leise, hallende Klänge verursachte.
»Wer ist das?« sagte Tom. »Sankt Bert?«
Der Pfarrer – hoch gewachsen, dünn, mit silbernen Haaren, in dieser Leere klein wirkend – kam den Gang herunter. Er hielt, als er Tom und Jan erblickte.
»Guten – Abend«, sagte er.
»Guten Abend«, sagte Jan.
»Was machen Sie hier?«
»Wir sitzen in Ihrer Kirche«, sagte Tom.
»Aha. Gut.«
»Macht das was? Ich meine: Stören wir?«
»Nein. Nein. Nicht im geringsten.« Die Stimme des Pfarrers war milde, aber sein Gesicht war rot.
»Es tut mir leid, wenn wir Sie erschreckt haben«, sagte Tom.
»Was haben Sie gemacht?«
»Geredet.«
»Sind Sie's nicht gewöhnt, hier Leute vorzufinden?«
»Ich denk' schon, das ist in Ordnung«, sagte der Pfarrer.
»Geredet: ja. Sie haben geredet –«
»Ja, haben wir«, sagte Jan.
»Aha.«
»Wir haben ruhig dagesessen und geredet.« Jans Stimme wurde lauter.
»Ein Problem heutzutage –«
»Wer denn? Was denn?«
»Wir waren sehr beeindruckt von dem Weihwasserbecken

am Nord-Tor«, sagte Tom. »Und vom Tympanon an der Außenseite des Chors.«
Der Pfarrer sah Tom an, als würde er ihn jetzt erst wahrnehmen.
»Aber – wenn ich das sagen darf – die Ausführung der ›Flucht nach Ägypten‹ auf der Süd-Tafel des Altars ist eines der schönsten Stücke Tudor-Schnitzerei nach meinem Dafürhalten. Das volkstümliche Detail ist wirklich entzückend. Ich möcht' die Vermutung wagen, daß die Taufsteinabdeckung aus der gleichen Periode stammt.«
»Auf welchem College sind Sie?« fragte der Pfarrer. »Ich war auf Caius.«
»Ich bin noch auf keinem«, sagte Tom. »Im Moment habe ich zwischen dreien die Wahl.«
»Aha.«
»Ich habe bemerkt, daß Sie die Süd-Kapelle verschlossen halten«, sagte Tom. »Wir wollten uns eigentlich auch noch die Fulleshurst Gedenksteine mal anschauen.«
»Nun, Sie wissen, man hat so seine Probleme heutzutage«, sagte der Pfarrer. »Ich fürchte, die Schlüssel sind im Pfarrhaus. Vielleicht das nächste Mal.«
»Natürlich«, sagte Tom.
»Melden Sie sich.«
»Machen wir.«
»Würde es Sie stören, wenn ich mit der Abendandacht beginne?«
»Nicht im geringsten.«
»Sie dürfen gerne dran teilnehmen.«
»Ich fürchte, wir müssen gleich gehen.«
»Vielleicht ein andermal«, sagte der Pfarrer. Er beugte die Knie gen Osten und begann von den Stufen der Kanzel herab seine Ansprache an die Kirche.

»Wenn der Sündhafte sich abkehrt von seinem sündhaften Tun, das er begangen hat, und er tut recht, wie es das Gesetz befiehlt, so wird er seine lebendige Seele retten. Liebe Gemeinde –«
Tom und Jan verließen die Kirche.
»Sie müssen es doch immer in den Schmutz ziehen! Sie müssen's immer wieder versuchen!« Jan stapfte draußen am Fuße des Turms auf und ab. »Sie müssen immer versuchen, es in den Schmutz zu ziehen! Ich fühl' mich sogar schon schmutzig!«
Tom tröstete sie. »Nein. Er war nur etwas verstört, als er plötzlich 'ne Gemeinde vorfand.«
»Immer! – Und was war das nur, womit du ihn so verblüfft hast, um Jesu willen?«
»Bitte sei doch etwas vorsichtiger in deiner Wortwahl«, sagte Tom und umarmte sie, als ihr Atem in der Kälte flatterte. »Das war nur 'n akademischer Trick. Jargon.«
»Aber woher bloß hast du das alles gewußt?«
»Als wir reinkamen, hab' ich die Broschüre auf dem Tisch durchgeblättert.«
»Er dachte! Wirklich! Er dachte, wir –!«
»Jetzt denkt er's nich' mehr«, sagte Tom. »Und das allein zählt. Er stellt Architektur nicht auf eine Stufe mit Unmoral.«
»Wir waren nicht unmoralisch!«
»Ich weiß«, sagte Tom. »Und jetzt weiß er's auch.«
»Du bist immer so tolerant mit Fremden. Sogar mit dem Möbelverkäufer. Und Leute, die dir nahe sind, die fällst du an.«
»Vielleicht hat das was zu tun mit 'nem freien Stipendium und 'nem beengten Wohnwagen.«
Sie verließen Barthomley und gingen die Straße zurück

nach Crewe. Als sie die Stadt erreichten, war es dunkel.
»Es tut mir leid, daß ich so außer mich geraten bin«, sagte Jan. »Es hat uns doch aber nich' die Kirche verdorben, oder?«
»Natürlich nich'.«
Die Bücherei hatte noch offen. Tom ging zu den Nachschlagewerken und fand die Karte der alten Zehntschaft. Von Crewe hatte noch so gut wie nichts gestanden, als sie gezeichnet worden war, und er konnte den Verlauf eines Pfades quer über die Felder verfolgen.
»Hier ist der Fluß, und der Katzenkopf-gepflasterte Tunnel is' 'ne Straße, sieh mal, die zu dem Platz führt, der jetzt diese Häuser als hintere Begrenzung hat. Guck, das war der Hof von Oak Farm.«
»Nichts anderes in Sichtweite. Ganz weit draußen. Und jetzt.«
»Ich hab' dir ja gesagt, der Pfad is' was Besond'res.«
»Alles war was Besond'res.«
»Sogar die Gleise.«
»Vor allem die Gleise.«
»Ich hatte 'n wunderbaren Geburtstag«, sagte Tom an der Sperre.
»Na dann hallo.«
»Hallo.«

JOHN KAM HOCH, UM RANDAL Hassall auf dem Turm abzulösen.
»Wo sind sie?«
»Da hinten sind Feuer, über Basford rüber, und da wer'n sie langkommen.«

»Wenn mein Vater recht hat, könnten sie schon näher sein«, sagte John. »Wir haben sämtliche Leute eingezogen; also wenn sie nicht leere Behausungen anstecken, könnten sie schon näher sein.«
»Verdammt noch mal, du wirst doch jetz' nich' weich werden, oder was?«
»Nein. Wir halten durch. Nach Oak Farm —«
»Guter Junge.«
»Geh was essen«, sagte John. »Der Ochse ist fertig.«
»Wir haben's schon gerochen. Die Treppe wirkt wie 'n verdammter Schornstein.«
»Schick Dick rauf in 'ner Stunde, daß er Thomas ablöst.«
Randal bewegte seinen Kopf, als ob er was sagen wollte. Thomas stand über die Turmbrüstung gelehnt, seine Muskete im Anschlag.
»Was?« fragte John.
»Er. Er is' so ruhig. Nich' 'n verdammtes Wort. Er hat sich schon ich weiß nich' wie lang nich' von der Stelle gerührt. Denkt wohl, er soll's mit 'ner ganzen Armee aufnehmen, verdammt noch mal, so wie er aussieht.«
»Er will eben auch gern helfen. Laß ihn.«
»Er is' weder 'ne Hilfe noch 'ne Zierde. Ich würd' auf ihn aufpassen.«
»Mach' ich.«
»Dann geh' ich jetz' und werd' mal was mampfen.«
»Laß mich wissen, wenn ich gebraucht werde.«
»Ruhig Blut«, sagte Randal im Hinuntergehen. »Du kannst nich überall sein. Is' nich' der letzte Tag aufm Rükken vom Mow Cop.«
Thomas fuhr zusammen.
»Wie?«
John lächelte ihn an. »Ist doch nich' nötig, die ganze Zeit

Ausschau zu halten«, sagte er. »Wir werden sie bestimmt hören, bevor wir sie sehen.«
Sie beobachteten den Rauch über Crewe.
»Du bist nich' verärgert?«
»Über dich?«
Thomas nickte.
»Warum sollte ich?«
»Ich hab' falsch rum gestanden, nich' wahr?«
»Hast du? Ich hielt's für ganz schön clever, auch die Ost-Seite zu bewachen. Du könntest uns damit vor einem Überraschungsangriff bewahren.«
»Das stimmt.«
»Nur eins noch. Du standst 'n bißchen sehr offensichtlich da. Ein guter Soldat nutzt die Deckung besser aus. Ist deine Muskete geladen?«
»Ja, John.«
»Dann richte sie woanders hin, und nicht auf mich.«
»Ja, John.«
»Randal sagt, du hast nicht mit ihm gesprochen.«
»Hab' ich auch nich'. Ich hab' nachgedacht. 'ne Menge.«
»Ach?«
Thomas kauerte sich unter die Brüstung. Er schwieg.
»Ist irgendwas mit dir?« fragte John.
»Nein.«
»Willst du lieber zu Margery gehen?«
»Ich kann Wache schieben wie der Beste unter euch!«
»Wo ist der Donnerkeil?«
»Ich geb' ihn ihr, bevor ich rauf gehe.«
»Du scheinst nich ganz bei dir zu sein.«
»Mir geht's gut.«
»Warum beobachtest du immer Mow Cop?«
»Mach' ich nich'! Mach' ich nich'!«

»Thomas! Nimm deine Muskete runter! Sofort! Thomas!«
Die Muskete schwenkte langsam in Richtung Turm.
»Mir geht's gut. Mir is' nich' schlecht.«
John ging zu ihm.
»Mir is' nich' schlecht.«
»Was also ist zu machen?«
»Nichts.«
»Red' doch nicht. Vielleicht kann ich dir helfen.«
»Kann sein.«
»Also was ist es?«
»Ich hab' einen gehoben.«
»Konntest du's nicht –«
»Nein. Ich hatt' mich so geängstigt, aufeinma' irgendwie, und gefurchtet –«
»Wir haben alle Angst«, sagte John.
»Aber ich dachte, ich hatte Angst um Madge. Aber hatt' ich nich'. Ich hab' um mich Angst. Dabei bedeutet sie mir so viel. Sie ist so gut.«
»Du liebst sie.«
»Wirklich.«
»Dann hab' keine Angst. Du hattest heute Glück, hast den Donnerkeil gefunden. Sogar wenn die Iren kommen und die Sache schief geht, wird dir schon nichts passieren. Du hast ja nichts mit mir zu tun.«
»Sie wird nich' weg wollen. Und ich will nich' weg von dir.«
»Du wirst doch nich' dumm sein. Du wirst sicher hier rauskommen. Du hast keine Kinder.«
»Das ist nicht meine Schuld! Ich weiß, was sie sagen. Es ist aber nich' wahr!«
»Ihr werdet welche haben, wenn ihr soweit seid.«
»Das werden wir auch!«

»Ihr seid doch beide nicht von Krankheit befallen.«
»Ich wünschte, mir ging's schlecht.«
»Warum?«
»Dann wär' ich aus allem raus. Ich wüßte von nichts.«
»Aber Margery. Du würdest sie im Stich lassen.«
Thomas saugte an seinem Ärmel.
»Wie ist das, wenn's dir schlecht geht?«
»Ich kann mich nich' erinnern. Manchmal.«
»Was siehst du?«
»Woher weißt du das?«
»Geraten.«
»Was ich sehe, wenn's mir schlecht geht, is' nich' wirklich.«
»Was ist es denn?«
»Und Farben: Dies ganze Blau und Weiß: und Klänge.«
»Was?«
»Geräusche.«
»Hörst du auch Worte?«
»Nich' richtig. Ich kann's nich' sagen. 's passiert kurz vorher, wenn ich mich schnell hinlegen muß, oder so. Klänge. Alle Arten. Echos von früher.«
»Was haben sie zu bedeuten?«
»Ich weiß nich'.«
»Siehst du irgendwas?«
»Oh ja.«
»Was?«
»Nichts Wirkliches.«
»Aber was?«
»Ich weiß nich'. Die Dinge haben keine Namen, ham' se nich'. Ich denk' sie mir aus. Ich seh' ein Gesicht.«
»Wessen?«
»Ich weiß nich'.«

»Ist es Gott?«
»Wie?«
»Siehst du Gott?«
»Woher soll ich das wissen? Ich hab' ihn noch nie geseh'n.«
»Erzähl von dem Gesicht.«
»Es hat Angst. Es macht mir Angst. Er ist gefangen. Er sieht, daß er gefangen ist. Ich kenn' ihn, aber ich weiß nich', woher. Kann sein, vom Schlechtwerden. Ich glaub', ich hab' ihn schon so oft gesehen. Aber ich weiß alles über ihn. Bin ich es?«
»Ich versteh' dich nicht«, sagte John.
»Bin ich es? Bin ich es? Bin ich es? Bin ich es?«
»Thomas!«
»Bin ich es?« Er schrie es den Hügeln entgegen, als ob sie ihn bedrohten. »Bin ich?«
»Warum hast du Mow Cop beobachtet, als ich rauf kam?«
»Hab' ich nich'!«
»Hast du vor Mow Cop mehr Angst als vor den Iren? Ist es Thomas Venables, den du siehst?«
»Halt's Maul, John Jaeger.«
»Ist es Venables?«
Thomas hatte all' seine Farbe verloren.
»Er ist in die Armee eingetreten, oder nich'?« sagte John. »Also wie soll er auf Mow Cop sein?«
Thomas drosch auf ihn ein, aber ohne jede Kontrolle, wie ein Kind, und John konnte ihn sich mit einer Hand vom Leibe halten. Die bloßen Fäuste schwangen unter seinem langen Arm hin und her. Er wartete, daß der Wutanfall vorüberginge.
Sie kam von hinten, von der Treppe, und schlug John mit aller Kraft, die in ihr war, mit dem Handrücken quer übers

Gesicht. Thomas fiel, und sie kniete nieder, hielt ihn fest. John sah sie an, versuchte zu lächeln.
»Wie interessant –«
Aber ihre Augen waren offen wie die einer Katze.
»Hoffentlich erleb' ich's noch, wie dein Sarg rausgetragen wird«, sagte sie.
Er wagte nichts zu erwidern, sondern wandte sich von ihnen ab und ging die steinerne Wendeltreppe hinunter in die Dunkelheit des Turms.

»WAS MACHEN WIR HEUTE?« fragte Jan.
»Komm mal gucken«, sagte Tom. Er führte sie um die Ecke vom Bahnhof. Zwei Fahrräder waren gegen eine Straßenlaterne gelehnt.
»Die Welt liegt uns zu Füßen«, sagte er.
»Wie hast du das geschafft?«
»Leicht. Naja, Glück und etwas Frechheit. Ich hab' die Gießkanne zurückgebracht, die sich mein Vater immer von Mr. Hulse borgt, und da sah ich das Fahrrad von Rastplatz-Lilly draußen vor ihrem Wohnwagen. Sie benutzt es so gut wie nie: Also hab' ich sie gefragt. Ich hab' ihr gesagt, ich werd' ihr im Frühling ihren Zaun streichen.«
»Aber wie hast du's hier hergekriegt?«
»Bin einhändig gefahren.«
»In dieser Kälte?«
»Was bedeuten schon Frostbeulen unter Freunden?«
»Den ganzen Weg? Für mich?«
»Für uns«, sagte Tom. »Barthomley?«
Sie brachen auf. Jan trat in die rostigen Pedale. »Ich hab'

geölt, was ich konnte«, sagte Tom. »Es muß etwas eingefahren werden.«
»Und du müßtest eingefangen werden. So einen wie dich sollte man nich' frei laufen lassen.«
Tom war so viel größer als das Rad seiner Mutter, daß er mit krummen Knien fahren mußte. »Stimmt. Das Rad hat 'n Freilauf.« Er fing an, mit langen, scherenartigen Schritten seine Füße von der Straße abzustoßen.
»Du Esel!«
»Beachte mal die Wirkung einer Eselstärke!« Er streckte seine Beine gerade, schlidderte und schwang das Rad vom Boden hoch. »Das nennt man Doppelbrems-System.«
»Muß doch die reinste Marter gewesen sein, mit den Dingern nach Crewe zu fahren.«
»Gar nich' bemerkt. Wie kommst du klar?«
»Immer noch besser, als noch mal über die Eisenbahn rüber zu müssen.«
»Hast du mitgekriegt, daß es quer rüber über die Gleisanlagen von Basford zweihundertfünfzig Meter sind? Ich hab's aufm Meßtischblatt nachgesehen. Is' mir gar nich' so vorgekommen.«
»Mir schon, nachdem du drüben warst!«
»Willst du meine Handschuhe?«
»Danke, meine sind OK.«
Sie kamen voran.
»Völlig vergessen«, sagte Jan. »Glückliches Neues Jahr.«
»Und frohe Weihnachten.«
»Danke für die Karte. Hast du meine bekommen?«
»Nein.«
»Ich hab' eine geschickt.«
»Sah aber nicht so aus.«
»Liebster, es tut mir leid —«

»Ich hab' mir auch nichts draus gemacht. Ich dachte, du wolltest sparen. Sie muß bei der Post verlorengegangen sein.«

»Es tut mir leid.«

»Der Gedanke zählt«, sagte Tom.

Die Kirche war ruhig und leer. Sie war warm und roch nach Eiche und Stein. Jedes Geräusch von draußen wurde in weite Ferne gerückt.

»Ich hab' dir ja gesagt, daß es hier noch genauso sein würde«, sagte Jan. »Nichts verändert sich.«

»Leute schon.«

»Oder unsre Haltung ihnen gegenüber.«

»Wie scharfsinnig.«

»Du herablassender Pedant!« Jan lachte.

»Einverstanden. Ich bin zu glücklich zum Streiten. Wenn du also irgendwelche Klagen hast, jetz' ist die beste Gelegenheit.«

»Ist das dein Ernst?«

»Ja. Warum? Hast du welche?«

»Eine.«

»Und die wäre?«

»Ich wünschte, du würdest nicht über uns reden – ich meine über unsre wirklichen, privaten Dinge.«

»Mit wem denn?«

»Mit deinen Eltern.«

»Mach ich nich'.«

»Ich bekomme Briefe von deiner Mutter: Und sie erwähnt Dinge, die wir gesagt haben.«

»Aber wie? Kann sie gar nicht. Ich rede niemals über uns.«

»Sie weiß hierüber Bescheid. Barthomley.«

»Kann sie gar nicht.«

»Tut sie aber. Als ich den Seitenhieb über den Pfarrer angebracht habe.«
»Welchen Seitenhieb?«
»In meinem Brief. Als ich sagte, daß er den gleichen Fehler mit uns gemacht hat wie deine Eltern. Ich sagte, sie sei ein Opfer von Hormonen und Verhältnissen. War's nötig, ihr das zu erzählen, nur um 'n kleinen Sieg davonzutragen? War's das wert?«
»Hör mal! Ich flip gleich aus oder so! Ich hab' drei Briefe bekommen. Drei. In zwei Monaten.«
»Ich schreib' jede Woche«, sagte Jan. »Du hast sie nicht erhalten?«
Er schüttelte seinen Kopf.
»Deine Mutter hat meine Briefe geöffnet? Und sie behalten?«
Er nickte.
»Jesus Christus.«
»Ich bin froh, daß wir hier sind«, sagte Tom. »Ich hab' jetzt diesen Ort nötig. Seh ich normals aus?«
»Ja.«
»Ich bin aber fuchsteufelswild geworden. Sieht man das nicht? Da hat man ja 'ne Kirche für nötig! Halt mich.«
Jan wiegte ihn beruhigend hin und her. »Laß es raus«, sagte sie. »Laß es raus in dieses Mauerwerk.«
Tom schrie und versuchte wieder aufzuhören.
»Laß es raus.«
Er war still. Die Kirche um sie beruhigte sich.
»Sie haben mir ein ganz besondres Geschenk gemacht«, sagte Tom. »Zu Weihnachten. Für meine Stipendien. Weil ich gut war. Einen Kassettenrekorder, mit Kopfhörer. Sie haben's sich zusammengespart. Sie haben versucht, was zu verstehen.«

»Du mußt sie nicht verachten. Sie haben eben einen begrenzten Horizont.«
»Das Dumme ist, daß sie nich' in 'nem Lehrbuch stehen.«
»Sowas passiert doch überall«, sagte Jan. »Mum und Dad verbringen ihr Leben damit, das Kind wieder aus dem Brunnen zu holen.«
»Prima! Großartig! Ein wunderschöner Fall für die Feldforschung.«
»Laß.«
»Du kannst ihnen von mir ausrichten, es ist kalt auf dem Seziertisch.«
»Tom —«
»Tut mir leid.«
»Was willst du tun?«
»Im Augenblick fühl' ich mich, als ob was Drakonisches in mir aufsteigt.«
»Sie wollten doch nicht weh tun.«
»Genau das ist das Dumme daran. Heh, weißt du, was diese liebevollen Banausen gemacht haben? Sie haben mir den Rekorder gekauft – und keine Kassetten.«
»Oh nein!«
Sie mußten beide lachen und schreckten zusammen.
»Und was machst du nu'?«
»Ich liege rum und tu so als ob. Sie sind bequemer als die Hörer, die ich zum Arbeiten benutze.«
»Hat's dein Vater denn nich' gemerkt?«
»Ja. Ungefähr 'ne Woche später. Er wirkte betroffen: und gab mir das Geld.«
»Und was hast du gekauft?«
»Nichts. Ich hab's hierfür gespart.«
»Du bist also ans Nichts angeschlossen?«
»Dafür kann ich wenigstens spielen, was immer ich will.«

»Da kannst du auch gleich sagen, 'ne stehende Uhr is' am genauesten, weil sie zweimal täglich die richtige Zeit hat.«
» Lewis Carroll«, sagte Tom. »Du, das is' die Idee.« Er ging zu dem Tisch und kam mit einem Kirchenführer und einem Bleistift zurück. »Da wird die alte Ziege aber blaß aussehen.« Er zeichnete ein Quadrat auf die leere Rückseite des Führers und füllte es mit dem Alphabet aus. »Ich werd' dir Lewis Carrolls Code beibringen, und wir benutzen ihn dann für deine Briefe. Wenn sie den knacken kann, verdient sie 'n Orden. Es ist ganz einfach –«
»Jetz' brauch' ich 'n bißchen frische Luft«, sagte Tom.
»Woll'n wir's mal mit Mow Cop versuchen?«
»Reicht die Zeit?«
»Ja.«
»Geht's dir wieder gut? Es hat uns doch nich' die Kirche verdorben?«
»Mir geht's ausgezeichnet. Solang' du mit dem Code zurechtkommst. Ich muß jetzt irgendwo hoch rauf. Aus dem Sumpf raus.«
Die Straße war steil, zu steil zum Fahren. Auf dem ganzen Berg standen Häuser verstreut, doch das eigentliche Dorf war auf der Spitze, Sandstein-Cottages, zwischen Felsen gelegen. Die spitzen Felsen waren grandios. Klippen, Nadeln und Platten bildeten Überhänge in der Luft, und mitten drin standen die Häuser, wie angeklatscht an die Felsen. Verlassene Steinbrüche hatten die Kuppe geformt, und auf dem Gipfel stand ein runder Turm mit einem Bogen, wie übriggeblieben von einem großen Gebäude, wo doch kein fertiges Bauwerk je Platz gefunden hätte. Die künstliche Burgruine.
Tom und Jan stellten ihre Fahrräder ab und stiegen hinauf. Die schrägen Platten waren vom Wind poliert.

»Das ist ja phantastisch!«, rief Jan.
»Irre!«
Der Wind säuberte und befreite. Innen war die Burg hohl, ohne jede Treppe.
»Ist dir kalt?« fragte Tom.
»Nein. Ich spür's schon, aber mir is' nich' kalt.«
Nach Norden und Osten erstreckte sich das Penninische Gebirge. Im Westen und Süden war die Ebene, und dahinter Wales.
»Dies hier sind wir«, sagte Tom. »Dies hier is' ehrlich. Unter uns, in dem Schlamm dort, der ganze Dreck und all' die Probleme. Wir sind frei davon.«
»Wirklich?«
»Nein, aber die Vorstellung ist gut.«
»Barthomley und Crewe sind dort unten, genau wie die Wohnwagen.«
»Dort unten, hier oben: Das spielt doch keine Rolle, solange wir's nur wissen. Mow Cop fällt genau mit dem Unterschied zusammen.«
»Unterschied?«
»Zwischen uns hier oben und denen da unten.«
»Willst du damit sagen, du bist besser?«
»Anders.« Tom stand außerhalb der Burg, am Rand der Klippe.
»Dies ist ganz für uns.« Jans Haar wehte ihm übers Gesicht.
»Sei vorsichtig.«
»Ein reiner Wind und der Duft deines Haares. Ich kann doch keine Höhen vertragen, komisch.«
Sie aßen ihre Sandwiches in einem dachlosen Cottage, das den Wind ein wenig abhielt. Nicht mehr als zusammengefallene Wände und die Überreste eines Giebels waren vorhanden.

»Ein fabelhafter, ein wunderbarer Platz«, sagte Tom.
»Und wir. Lebendig. Ein- und ausatmend: Wahnsinn.«
»Ich frag' mich, wieviele Leute hier wohl ihr Zuhause gehabt haben«, sagte Jan. »Wieviele Babys. Wieviele Feuer hier entzündet worden sind. Wieviel von allem.«
»Und davor noch«, sagte Tom. Sie lagen vor dem Kamin. Er langte hinauf zum Stein des Oberbalkens. »Mühlsandstein. Das war mal das Delta eines Flußes, der Berge oben in Norwegen abtrug, vor kaum zwei Drehungen der Galaxis. Und davor?«
»Ich kann das nich' ab«, sagte Jan. »Es macht mich so verloren. Ich bleib' lieber bei den Leuten. Ich liebe dich.«
»Rudheath und der Pfarrer sollten langsam anfangen, sich Sorgen zu machen«, sagte Tom.
»Ich weiß.«
Er streichelte ihr Haar.
»Aber jetzt noch nich'«, sagte Jan.
»Ich weiß.«
»Es macht dir nichts aus.«
»Ich hoffe, daß ich nich' zu grob dabei wäre.«
»Ich liebe dich«, sagte Jan.
»Tom ist kalt.«
»Bist du das wirklich?«
»Ich bin nicht kalt. Ich sagte, Tom ist kalt.«
»Gut.«
»Da is' was im Schornstein.«
»Beweg dich nich'«, sagte Jan. »Das ist unser Haus.«
»Das einzige, worüber ich sauer bin«, sagte Tom. »Immer abgebrannt zu sein, is' nich' weiter schlimm – aber wenn wir doch die Dinge einmal laufen lassen könnten. Nur ein paar Stunden, ohne aufs Geld achten zu müssen.«
»Ich bin auch jetzt glücklich«, sagte Jan. »Das reicht mir.«

»Aber eines Tages«, sagte Tom, »werden wir's so machen.«
»Eines Tages. Du hast recht: Da is' wirklich was im Schornstein. Was Glattes.«
Jan kniete auf dem heruntergefallenen Schutt, der den Kamin verstopfte. »Es ist einzementiert. Ich kann's nich' bewegen. Sei vorsichtig.«
»Ich nehm' mal die andern Steine rundrum weg«, sagte Tom. Der Mörtel war schon bröcklig, und er hob die Steinblöcke vom Kaminvorsprung ab. »Ein Hohlraum. Jetzt geht's los –«
»Es is' wunderhübsch.«
Tom bürstete den Schmutz mit seinem Ärmel ab. Er hielt den Kopf einer Steinaxt. Seine ganze Handfläche war davon ausgefüllt. Er rieb die Axt mit nassem Gras ab, und sie glänzte grau-grün, poliert, makellos. Am einen Ende verjüngte sie sich zu einer dünnen Schneide, und das andere Ende hatte die Form eines Hammers, durchbohrt, so daß es mit einem Griff versehen werden konnte.
»Es ist sehr hübsch«, sagte Tom.
»Gib's mir mal.« Jan nahm sie, als wäre sie ein zierlicher Vogel. »Das ist es«, sagte sie. »Das ist es. Ein wirklich besonderer Fund. Könn' wir's nich' behalten? Aus unserem Haus?«
»Warum nicht? Ein Moment unseres Besuchs. Ich glaub' kaum, daß der Besitzer noch dran interessiert ist«, sagte Tom. »Aber ich bin's. Warum is' es eingemauert worden?«
»Ein Johnny«, sagte Jan. »Ein wirklicher Fund.« Sie begann zu weinen.
»Was ist denn los?«
»Ich liebe dich. Ich bin so glücklich.«

»Und weinst?«
»Ich konnte nie Tiere haben, bei dem vielen Umziehen, und Puppen waren nich' wirklich, und Mummy war nie zu Hause, und wenn sie's mal waren, waren sie immer beschäftigt oder zu müde, und wir hatten nie Freunde bei den vielen Umzügen, und ich war so einsam, so alleine, bist du kamst. Ich hatte nichts vor dir. Nichts blieb. Aber du schon. Du hast diese Räder hergefahren. Du bist gekommen. Du hast nie jemanden im Stich gelassen. Und jetzt. Wir haben's in unserm wirklichen Haus gefunden, wir werden abwechselnd drauf aufpassen, und dann sind wir nie mehr getrennt: mit dem in der Hand.«
»Orion«, sagte Tom. Er hielt sie fest. »Du hast immer neue Seiten. Ich dachte, ich hätt' dich völlig kennengelernt. Ich hatt' noch nichmal mit angefangen.«
»Mein Gesicht is' ganz verschmiert.«
»Dein Gesicht ist das Wichtigste, was ich je gesehen habe.«
»Ich muß schon wieder weinen.«
»Ich auch.«
Die Fahrräder sausten den Mow Cop hinab. Durch Barthomley kamen sie in der Dunkelheit. Der Schein ihrer Lampen wand sich über die Hügel. Crewe war ein glühender Himmel.
Tom gab Jan die Axt.
»Hallo.«
»Hallo.«

Sie mahlte Roggen an der Türschwelle zur Hütte. Macey speiste mit dem Getreide den Läuferstein, der um die Achse des Bodensteins wirbelte und kreiste, und das Mehl zog sich zu weißen Spiralarmen.

»Was siehst du?«

»Kein'n Macey«, sagte er.

»Ist er weg?«

»Ich denke.«

»Wohin?«

Er zuckte die Achseln. »Irgendwo hin, wo man besser töten kann.«

»Willst du, daß er zurückkommt?«

»Ich bin ja sonst nich' viel.«

»Aber du siehst mehr.«

»Will ich nich'. Wenn er zurückkäme, würd' er nich' zulassen, daß ich was sehe, würd' Macey nich'. Aber irgendwo tötet er jetz'. Er will mir nich' helfen.«

»Was siehst du?«

»Erschreckt. Verängstigt.«

»Ist es nahe? Siehst du es nahe?«

»Ich weiß nich'. Er is' verängstigt, gefangen, beides.«

»Wer?«

»Er. Beide sind's.«

»Kannst du zu ihm hin?«

»Ja.«

»Geh zu ihm.«

»Ja.«

»Bist du bei ihm?«

»Ja.«

»Wer ist er?«

»Ich weiß nicht.«

»Sieh ihn an.«

»Er – sie sind – zu verängstigt. Es ist blau silber. Immer blau silber! Ich will Macey!«
»Ruhig. Ist ja schon gut.«
»Aber ich kann meinen Kameraden nich' helfen. Lügen zu sehen ist verrückt.«
»Keine Lügen«, sagte sie.
»Wo zum Teufel bin ich?«
»Bei mir«, sagte sie. »Genüg' ich dir nicht?«
»Oh, aber sicher«, sagte er und lachte. »Kann sein, daß ich Macey gar nich' zurück lasse – falls er eifersüchtig ist!«
Sie streichelte seinen Kopf. Die Mühle hielt an.
Magoo kam in die Hütte und stieß nach Macey. »Raus.« Er zog das Mädchen hinüber in die dunkle Hälfte der Hütte.
»Das darfst du nicht. Logan hat's gesagt.«
»Logan kann mich mal.«
»Das wird er auch tun«, sagte Logan. Er nahm Magoo hoch und warf ihn durch die Tür auf den Felsen, daß er betäubt liegen blieb. Face sah von der Kuppe her zu.
»Warum ziehst du nich' los und suchst dir 'n paar Köpfe«, sagte Logan, »und kühlst dich ab, bevor ich dich töten muß?«
Magoo krümmte sich und rang nach Atem. »Deinen – würde ich – am liebsten –«
»Den Luxus kannst du dir nicht leisten.«
»Das – weiß ich – verdammt gut –«
»Du weißt auch, daß das Mädchen nicht angerührt wird. Sie könnte 'ne Fehlgeburt kriegen. Du bleibst ihr vom Halse.«
»Macey war da drin.«
»Macey kann ihr nicht weh tun.«
»Was macht das überhaupt schon aus?«

»Sie trägt die neue Neunte.«
»Die was?«
»Wir vermehren uns. Wir kommen neu raus.«
»Ein Balg –!«
»Es is' 'n Anfang.«
»Und wenn's 'n Mädchen wird?«
»Dann machen wir 'ne Zucht auf.«
Logan kletterte hoch, um Faces Dienst zu übernehmen. Magoo nahm seine Beulen in Augenschein. »Dieser Hinterlader denkt, er wird ewig leben.« Er wählte ein Schwert aus, hing es sich über den Rücken und ging die Grenzen des Berges entlang auf Patrouille.
»Guck ihn dir mal an«, sagte Face zu Logan. »Siehst du, wie der läuft? Der ist an Klippen gewöhnt. Wo hat er sich einschreiben lassen?«
»Irgendwo an der Donau, glaub' ich«, sagte Logan. »Oder an der Nordgrenze. Hab's vergessen. Warum?«
»Er is' zu gut. Er hat sich sofort angepaßt. Und diese Köpfe. Er is' wirklich scharf drauf. Er braucht sie. Und du hast gesehen, wie er's machte, ohne langes Fackeln. Völlig echt.«
»So? Ihr Kelten könnt das doch alle.«
»Aber niemand so gut wie 'ne Mutter. Er spielt keine. Er ist eine.«
»Wie das?«
»Desertiert? Und dann sich wieder einschreiben lassen, um nach Hause zu kommen?«
»Bist du sicher?«
»Ich mein' schon. Ich kenn' die Eingebornenstämme. Und du hätt'st ihn mal sehen sollen, als du diese Schlange zerbrochen hast. Er war drauf und dran zu brüllen.«
»Wie siehst du's?«

»Wir sind OK, solange wir auf Mow Cop sind«, sagte Face, »und solange die Katzen nich' zu häufig überfallen werden. Aber wenn er das Sagen hat, sind wir den Bach runter – und du zuerst.«
»Er war in der Schlacht bei York. Da ging's gegen Mütter.«
»Uniform«, sagte Face. »Die bewirkt schon einiges. Außerdem will das gar nichts heißen. Wenn die Mütter mal lang genug ihre Fehden unterbrechen würden: Euer Haufen Römer könnte die nich' aufhalten. Bei York hat er bestimmt gewisse Familienangelegenheiten geregelt.«
»Er gehörte zur Armee des römischen Reiches und war damit beauftragt, Aufständische niederzuhalten.«
»Mir is' egal, was er auf Lateinisch gemacht hat«, sagte Face, »aber was Magoo betrifft, so ist für ihn die Neunte nich' mehr als 'ne Bande Schwerathleten, die zu beschränkt sind mitzukriegen, daß sie nur ausgenutzt werden.«
»Das ist Verrat!«
»Rom ist der größte Bauerntölpel, der den Eingebornen je untergekommen ist.«
»Das ist Verrat. Wir würden aber trotzdem mit den Müttern klarkommen? Er würde kämpfen?«
»Jetzt nich'. Nich' wenn es hieße, wieder Römer zu werden. Er hat wieder sein Gespür. Er ist Eingeborner.«
Face ging hinunter zu den Hütten. Er setzte sich draußen hin. Die Mühlsteine kreisten aufeinander, und er sah, wie Macey und das Mädchen neben der Tür arbeiteten. Der Wind über den Felsen hielt seine Stimme von Logan fern.
»Ist die Göttin ansprechbar?« fragte Face.
»Sie ist es.«
»Gibt es Versöhnung?«

»Es gibt sie.«
»Gibt es Gnade?«
»Durch Versöhnung.«
»Gibt es einen anderen Weg?«
»Keinen anderen.«
»Ist es die Göttin, die da spricht?«
»Sie ist es.«
»Was ist die Versöhnung?«
»Tod.«
»Wie wird der Tod kommen?«
»Die Göttin entscheidet.«
»Und das Mädchen?«
»Es bedauert.«
Face erhob sich und ging in seine Hütte.
»Ich hab' nich' das Geringste davon verstanden«, sagte Macey.
»Mach dir nichts draus.«
»Mach' ich aber! Was is' los! Was is' los mit ihm? Er hat noch nie so schlecht ausgesehen. Er ist klug: spricht Katzen-Dialekt und Mütter-Dialekt, Latein – alles Mögliche.«
»Er sprach's«, sagte sie.
»Er schreit! Hör doch!«
»Er hat Rom verloren«, sagte sie, »und ist Eingeborner geworden, fern von seinem Stamm.«

»Als erstes brauch ich mal 'n Platten-Laden«, sagte Jan.
»Warum?«
»Ich muß immer dran denken, wie du daliegst und keine Musik aufm Kopfhörer hast.«

»Wir hatten doch abgemacht –«
Sie winkte ihm mit einem Briefumschlag. »Ich hab' 'n Plattengutschein zu Weihnachten bekommen.«
»Kannst du ihn nich' zu Geld machen?«
»Nein.«
»Wir könnten einiges mit dem Geld anfangen.«
»Soviel is' es nu' auch nich'. Und ich will dir was schenken.«
»Mir geht's so schon ganz schön schlecht.«
»Es soll 'ne Erinnerung an uns sein.«
»Wie das? Auf den Titel bin ich aber gespannt.«
»›Quer rüber‹! Wenn ich das je vergessen sollte –!«
»Basfords Anschlußgleise«, sagte Tom. »Barthomley. Mow Cop. Das nehmen wir.«
»Aber es soll doch für dich sein. Vielleicht gefällts dir nicht?«
»Der Titel tut's. Dann kann es die ödeste Musik überhaupt sein, ich würd's doch mein Leben lang spielen«, sagte Tom.
Jan kaufte die Kassette mit ihrem Plattengutschein, und sie verließen den Laden.
»Ab zum Mow?«
»OK.«
»Aber das letzte Stück fahr' ich nich'.«
»Die Steigung ist grad mal eins zu drei, du Schwächling.«
Der Winter ging zu Ende, protzte noch einmal mit seiner Kälte.
Die letzte Steigung hinauf schoben sie ihre Räder.
»Ich bin durstig«, sagte Jan.
»Ich hab' neulich ein paar Quellen gesehen. Die Inschriften waren höchst moralisch.«
»Ich will ja nich' die Schrift trinken.«

Sie fanden die Quellen, gewölbte Nischen in Stein. ›Des Priesters Quell: Bewahre dich rein‹ und ›Des Junkers Quell: Gutes tun, vergiß es nicht.‹

»Tolle Auswahl«, sagte Jan. »Sind beide trocken.«

»Der Gedanke zählt.«

Sie lagen in ihrem Haus und saugten Tropfen von den Gräsern, die im Raume wuchsen.

»Streichhölzer«, sagte Tom. »Und angewandte Intelligenz.« Er zog einige Zeitungen hervor, die er sich in seine Hose gestopft hatte.

»Mir kam's schon so vor, als wenn du heute noch mehr Hummeln im Hintern hattest als sonst.«

»Es ist komisch heute«, sagte Tom. »Irgendwie schwebend.«

»Vergiß es.«

»Nich' so einfach. Irgendwie.«

Er entzündete ein Feuer. Die Stelle war schon früher dazu benutzt worden. Verkohlte Brocken und Äste waren über den Platz verteilt, einige von ihnen vor der Nässe geschützt.

»Brenn die Balken nicht an«, sagte Jan.

»Da sind so 'n paar alte Sparren —«

»Es ist doch unser Haus.«

»Es gehört auch andern: oder hat gehört.«

»›Nicke-Peter‹.«

»Wer?«

»Nicke-Peter«, sagte Jan. »Graffiti-Schreiber haben schon komische Namen.«

»Und machen komische Sachen«, sagte Tom. »Einer von ihnen war entweder drei Meter groß, konnte fliegen oder hatte 'ne Leiter mit.«

»Wo?«

»Ganz oben am Giebel, in den Stein gekratzt.«
»›Ich kam zurück Mary‹.«
»War das nun an Mary oder von Mary?« fragte Tom. »Ich find's unaussprechlich traurig.«
»Und wir sind unaussprechlich glücklich. –Was is' denn nu' los?«
Toms Gesicht hatte sich verhärtet. »Das da krieg ich nich' mit. Das da.«
Jan sah auf den bröckligen Putz.
»›Pip liebt Brian‹?«
»Dadrunter. Genau dadrunter. Ein Mädchen hat's geschrieben. Das sieht man. Penibel geschrieben.«
»›bestimmt nicht jetzt und niemals mehr‹. Was stört dich dran?«
»Alles. Kein Punkt und Komma. Was heißt das? Kam sie zurück Mary? Extra deswegen? War es ein Schock? Was ist inzwischen passiert?«
»Ist das so wichtig?«
»Pip liebt Brian. Man kann sich nichts einfacheres wünschen. Warum kann's denn nich' einfach sein? Man könnte denken, sie haben's geschafft. Und dann – kein Punkt und Komma.«
»Bestimmt war sie einsam.«
»Oder gar nichts. Was schlimmer ist. ›bestimmt nicht jetzt und niemals mehr‹. Punkt. Aus.«
Jan kratzte mit einem Stein am Putz. Er fiel von der Mauer, und sie zermahlte die Brocken zu feuchtem Staub.
»Weg«, sagte sie.
»Die Beiden nicht.«
»O mein Gott nochmal!« Jan warf ein Stück Holz in Richtung Feuer.
»Nichts ist sicher«, sagte Tom.

»Zwei Dinge schon. Und das eine ist, daß es überall mal für irgendjemand zu irgendeiner Zeit gut oder schlecht war; also mit welchem Recht bläst du hier Trübsal über Pip und diesen verdammten Brian, wer immer sie auch waren.«
»Was ist das andere?«
»Daß ich dich liebe natürlich.«
»Glaubst du an Verwirrung auf den ersten Blick?«
»Was hast du bloß? Du wär'st ja heute nich' mal fähig, 'n Schaf 'n Feldweg lang zu treiben. Komm schon, sag's mir.«
»Tom ist kalt.«
»Das läßt sich schnell ändern.«
»Ich hab' Angst.«
»Da is' nichts, wovor du Angst zu haben brauchst.«
»Genau das macht mir Angst.«
»Du spielst wieder mit Worten.«
»Sie machen mir immer noch Angst.«
»Also was hast du?«
»Mit Menschen spielen ist schlimmer.«
»Oh. Die Eltern?«
»Ich hab' Deine Briefe gefunden.«
»Wo?«
»In ihrer alten Handtasche. Nich' die sie noch benutzt. Die alte, mit den Riemchen an den Rändern. Sie hat sie in 'ner Schublade liegen. Meine Geburtsurkunde: Versicherung: Schulzeugnisse: Briefe über mich von meinen Lehrern: All' das. Der Verschluß is' hin. Sie nimmt 'ne Strippe.«
»Was hast du gemacht?«
»Ich hab' sie gelesen. Danke.«
»Und dann?«

»Sie da gelassen.«
»Sie weiß nichts?«
»Ich kann sie nicht so beschämen.«
»Du lieber Idiot.«
»Ich hab' deine Worte gelesen. Sie hat sie bestimmt nicht verstanden. Sie sind durch sie nicht verdorben worden.«
»Willst du lieber nach Barthomley? Würd'st dich da sichrer fühlen?«
»Nein. Hier. Laß uns 'n bißchen laufen.«
Sie bestiegen die Felsen hinter der Burg. Tom schüttelte seinen Kopf im Wind.
»Das ist besser. Sauber. Sie hat immer auf mich aufgepaßt.«
»Hat sie die letzten Briefe zurückgehalten?«
»Sie hat den ersten über Wasserdampf geöffnet, aber wie sie die Geheimschrift sah und daß du Tinte benutzt, die verläuft, da gab sie's auf. Ohne was zu sagen.«
»Du Ärmster.«
»Geschieht ihr doch recht.« Er stand breitbeinig da. »Wo bin ich?«
»Nu' werd mal nich' melodramatisch.«
»Nur verrückt.«
»Du bist auf Mow Cop.«
»Ist das alles?«
»Wenn's das wäre, würdest du nicht fragen. Also los.«
»Mein rechtes Bein«, sagte Tom, »befindet sich in diesem Moment in der Gemeinde Odd Rode, im Kirchspiel Astbury, in der Hundertschaft Northwitch und in der Grafschaft und Diözese Chester, in der Provinz York. Mein linkes Bein ist in der Gemeinde Stadmorslow, im Kirchspiel Wolstanton, in der Hundertschaft Pirehill, in der Grafschaft Stafford, in der Diözese Lichfield, in der Pro-

vinz Canterbury. Du siehst meine mißliche Lage.«
»Tom –«
»Aber«, er schielte nach der Burg, »da drin ist es noch schlimmer. Da ist, der Karte nach, die Grenze nicht festgelegt.«
»Tom, ich liebe dich.«
»Der Regen fällt dick wie Glockenseile. Warum stellen wir uns nicht unter?«
»Du bist jetzt dran mit dem Johnny«, sagte Jan.
»Warum nennst du's so?«
»Es kommt mir – richtig vor.«
»Schön.«
»Wirst du im Regen mit den Rädern klarkommen?«
»Leicht. Aber wie steht's mit dir?«
»Bis Euston bin ich wieder trocken.«
»Tut mir leid, daß es heute 'n bißchen schief gelaufen ist.«
»Ist es doch gar nich'.«
»Ich hab' große Freude an dir. Regen ist nich' gut für pochierte Eier.«
»Es ist nicht der Regen.«
»Jan.«
»Du bist zu verwundbar. Hast du noch nie –? War da wirklich niemand vor mir?«
»Nichts, was eine Bedrohung für sie darstellte. Aber jetzt. Ohne dich kann ich mir nicht vorstellen, lebendig zu sein. Du bist zu wunderbar.«
»Das ist viel. Was du erwartest.«
»Eine Zukunft ohne deine Augen?«
»Nimm den Johnny.«
Er steckte die Axt in die Satteltasche.
»Dank dir für ›Quer rüber‹. Ich spiel's, sowie ich zu Hause bin.«

»Tom?«
»Was?«
»Man kann lieben, ohne sich illoyal zu zeigen.«
Um sie war nichts als Regen.
»Wo kommt denn das Salz her? Hochwasser?«
»Du küßt eine Meerjungfrau.«
»Das endet meist bös, nich' wahr?«
»Unabänderlich.«
»Und wunderbar.«
»Unverwundbar?«
»Wir beide.«
»Hallo.«
»Hallo.«

»Is' NICHT DER LETZTE TAG aufm Rücken vom Mow Cop«, sagte Randal Hassall.
Thomas fuhr herum. »Wie?«
John lächelte ihn an. Randal hatte sie verlassen und war hinunter gegangen.
»Du bist nich' verärgert über mich?« fragte Thomas.
»Nein.«
»Ich hab' falsch gestanden. Sie werden nich' von da oben kommen, oder?«
»Aber wir brauchen schon einen Ausguck, damit wir keinen Überraschungsangriff kriegen. Ist deine Muskete geladen?«
»Ja.«
»Dann richte sie nicht auf mich.«
»'tschuldige.«

Sie zählten die Rauchsäulen um Crewe herum.
»Randal sagte, du hättest nicht mit ihm gesprochen.«
»Ich hab' nachgedacht. 'ne Menge.«
»Willst du lieber zu Margery gehen?«
»Ich kann Wache halten wie der Beste unter euch.«
»Wo ist der Donnerkeil?«
»Ich geb' ihn ihr, bevor ich raufgehe.«
»Du scheinst andiniert.«
»Mir geht's gut.«
»Warum beobachtest du immer weiter Mow Cop?«
»Mach' ich nich! Mach' ich nich'! Nich'! Nich'! Nich'!«
»Die Muskete! Thomas!«
Der Turm drehte sich um Mow Cop. Thomas fühlte, wie seine Wange über den Stein kratzte.
»Mir geht's nich' schlecht. Wirklich.«
»Was also stimmt nicht?«
»Nichts«
»Sag's mir. Ich will doch helfen.«
»Kann sein.«
»Wir haben alle Angst.«
»Sie bedeutet mir sehr viel. Sie ist gut.«
»Du liebst sie.«
»Wirklich.«
»Dann hab keine Angst. Du hattest heute Glück, hast den Donnerkeil gefunden. Dir wird schon nichts passieren. Ich will ja nichts mit dir zu tun haben.«
»Ich will nich' weg von dir.«
»Du haust hier ab, und ohne langes Fackeln«, sagte John. »Du hast schließlich keine kreischenden Gören.«
»Das is' unsre Sache! Ich weiß, was sie sagen, sie mit ihrem Lachen! Aber wir können doch!«
»Kriegst du deinen Anfall?«

»Ich wünschte, ich hätt' einen. Wenn's mir schlecht ginge, wüßt' ich von nichts.«
»Wie ist das? Was siehst du?«
»Farben. Ganz blau und weiß. Ich höre Dinge. Geräusche. Klänge. Ähnlich. Genau wie. Ich weiß, daß es ihm leid tut.«
»Wem?«
»Er hat Angst. Er is' gefangen. Ich kenn' ihn, aber ich kann nich' sagen, wer es ist, ich hab' ihn schon so oft gesehen. Aber ich kenn' ihn. Weiß alles über ihn, wirklich. Denkst du, daß ich's bin?«
»Interessiert mich nicht.«
»John! Bin ich? Bin ich es?«
»Du Idiot.«
»Bin ich es? Bin ich es? Bin ich es? Bin ich es?«
»Warum hast du zum Mow Cop rüber gegafft, als ich raufkam? Hast du nach Thomas Venables Ausschau gehalten?«
»Halt's Maul!«
»Ist es Venables? Er ist Soldat geworden, oder nicht? Also wie soll er auf Mow Cop sein? Und wie hast du ihm Madge weggenommen? Das muß sehr weh getan haben. Wie hast du das angestellt? Was ist dein Geheimnis? Wie ist sie?«
Thomas drosch auf ihn ein, aber John hielt ihn sich mit einer Hand vom Leibe. Die hilflosen Fäuste schwangen unter Johns langem Arm hin und her. Er konnte nichts gegen dies Gespött, dies kalte, hänselnde Gesicht machen.
»Sie hat dich in der Hand, nicht wahr? Nicht wie Venables. Der käme nicht angerannt. Und das mochte sie nicht. Sie will etwas, was sie sich zurechtbiegen kann, und der Stein vom Mow Cop ist zu hart dafür, nicht wahr? Na komm, heul doch, du Heulsuse.«

Sie kam von hinten und schlug John mit dem Handrücken quer übers Gesicht. Thomas fiel in ihre Arme, und sie hielt ihn fest.
John versuchte zu lächeln.
»Interessant«, sagte er.
»Hoffentlich erleb' ich's noch, wie dein Sarg rausgetragen wird«, sagte Margery.
Er wandte sich ab und ging in die Dunkelheit des Turms.
»Na komm«, sagte sie. »Ich bin doch hier. Ich bin doch hier.«
»Madge«, weinte Thomas.
»Er is' ja weg.«
»Ich lieb' dich so sehr.«
»Ich weiß.«
»Warum ist John so? Er hat immer auf mich aufgepaßt – mir was beigebracht – mein ganzes Leben lang – ich zerbrech' mir den Kopf und komm' nich' dahinter, was er vor hat. Was will er nur?«

NOTIZZETTEL UND AUFGESCHLAGENE LEHRBÜCHER bedeckten Toms Bett. Er betrachtete die Steinaxt mit einem Vergrößerungsglas. ›Quer rüber‹ kam leise über seine Kopfhörer. Noch einmal verglich er die Hinweise. Es gab keinen Zweifel. Er nahm ein leeres Blatt Papier und schrieb:
›Lieber Herr Pfarrer –‹
Seine Mutter faßte ihn am Arm.
»Genug ist genug.«
»Was?« Er drehte die Hörer weg.
»Du hast genug getan. Und den ganzen Tag kaum 'nen Bissen.«

»War nich' hungrig.«
»Das is' ja schon krankhaft.«
»Ich muß noch zu Ende machen.«
»Was ist mit dem Puzzel?«
»Was ist damit?«
»Wenn wir jetzt nich' anfangen, werden wir nich' fertig, bevor dein Vater nach Hause kommt.«
»Laß mich alles noch mal durchgehen«, sagte Tom. »Das muß nämlich stimmen. Du machst den Tisch klar, und ich komm' zu dir, wenn du fertig bist.«
»Ich find's nich' spaßig, da drüben ganz allein zu sitzen«, sagte seine Mutter. »Der Tisch is' abgeräumt.«
»Du könntest doch schon die Ränder machen.«
»Es is' nich' das gleiche, wenn man's allein für sich macht. Na, jedenfalls hab' ich diese Woche ein ganz schön schweres. Rund.«
»Au, verflucht!« sagte Tom.
Er ließ seine Arbeit sein und folgte seiner Mutter ins Wohnzimmer. Der Tisch war fertig vorbereitet, der Ofen so heiß, wie er nur sein konnte, eine geöffnete Schachtel Konfekt und ein Flacon süßen Ciders. Zwei Gläser.
Tom nahm Platz und rieb sich die Augen.
»Krankhaft. Wofür soll denn die ganze Forscherei gut sein?«
»'s würde nochmal so lange dauern, dir das zu erklären.«
Er fing an, den Haufen Puzzelteile über den Tisch zu verbreiten und drehte diese dabei mit der richtigen Seite nach oben. Pfeilschnell stießen die Hände seiner Mutter auf die Randteile nieder. »Ich glaube, Schach würde dir gefallen.«
Sie gab keine Antwort. Ihre Konzentration entsprach der seinen.
»Tut mir leid, daß ich vergessen hab', daß heute unser

Puzzel-Abend ist.« Ihr Wettstreit war, das letzte Teil einzusetzen. »Kann ich das Bild mal sehen?«
»Nein.« Sie hatte den Kreis schon geschlossen und setzte Teile in einem der Viertel zusammen.
»Da ist aber 'ne Menge blauer Himmel.«
»Darin bist du doch gut.«
»Wie heißt es?«
»›Romantisches Cheshire‹.«
»Wieviele Bilder?«
»Drei. Gieß den Cider ein.«
»Dad wird spät kommen. Heute is' Kasino-Abend.«
»Deswegen hab' ich ja 'n großes gekauft. 'ne harte Nuß.« Sie suchte sich ein Marzipanstückchen aus.

Tom sortierte die unterschiedlichen Himmel, dann die offensichtlichen Strukturen und die signifikanten Linien. Seine Mutter schnappte zu, wo immer sie ein Muster erkannte.

»Mit Chester liegt man immer richtig«, sagte Tom. »Ein bevorzugter Ort. Ich find' am laufenden Band Stücke von Legionären in falschen Rüstungen. Dann is' da 'ne ziemliche Menge Strohdach, und schwarz-weiße Holzverkleidung. Das bläulich-grüne kann ich allerdings nicht – wart' mal.« Er verließ den Tisch.
»Wo willst du hin?«
»Das da is' Mow Cop, oder nicht?«
»Ja: richtig. Das Stück kannst du machen.«
»Ich muß arbeiten.«
»Aber heute haben wir Puzzeln.«
»Ich muß. Ich geh' noch weg.«
»Wohin?«
»Nich' weit.« Er setzte sich an den Tisch.
»Was hast du, mein Junge?«

»Nichts.«

Er sah seine Mutter an.

»Ich muß eine Entscheidung treffen.«

»Betrifft es sie?«

»Wen?«

»Das ist die Frage, was? Aber nach der letzten Vorstellung trau ich mich nich' mehr, den Mund aufzumachen.«

»Warum?«

»Du bist derartig geladen immer –«

»Mutter –«

»Gehst hoch wie 'ne Flasche Schampus, und ohne Grund –«

»Mutter –«

»Weder Sinn noch Verstand. Is' es die da hinten oder die in London?«

»Wie?«

»Ich mach' mir solche Sorgen. Was is' bloß in dich gefahren?«

»›Die da hinten‹? Rastplatz-Lilly?«

»Aber ich trau mich nichts zu sagen. Nich' nach dem letzten Mal. Man würd' mir den Kopf abreißen. Oder schlimmer.«

»Lilly Greenwood? Du hast gedacht, ich war bei der alten Lilly?«

»Du warst da. Du bist gesehen worden. Bei ihrem Wohnwagen. Ich wag's gar nicht deinem Vater zu erzählen.«

»Sieh mich an«, sagte Tom. »Nein, nicht mein Ohr. Sieh mich an. Du hast nicht mal angefangen, an so was zu denken. Du weißt, daß du das nicht gedacht hast.«

»Nun ja.«

»Ich borg' mir Lillys Rad, wenn ich mich mit Jan in Crewe treffe.«

Der Blick glitt zurück aufs Puzzel.
»Dir trau' ich alles zu«, sagte seine Mutter mit gekünsteltem Schaudern.
Tom stand auf. »Damit sagst du mehr über dich als über mich.«
»Was machst du jetzt?«
»Weggehen.«
»Wohin?«
»Nur 'n Spaziergang. Ich bleib' nich' lang.«
»Ich fühl' mich einsam.«
»Kein Wunder.«
Er ging zwischen den Teichen zur M6. Autos blendeten. Er blickte übers flache Wasser. Vögel, auf dem Treibsand sicher zur Nachtruhe gelagert, vermerkten seine Anwesenheit. Er fühlte die Struktur der Schnellstraßen-Einzäunung. Im Winkel eines Pfeilers lag Sand. Der Regen hatte nicht alles von Jan davongespült. In dem sausenden Lichtgeflacker konnte er die von ihrer zusammenschaufelnden Hand verursachte Mulde unter der Bank ausmachen. Aber Jan war im Entschwinden. Kein Ding entsprach ihrer Anwesenheit. Die Galaxis drehte sich schneller als Gedanken, aber für ihn bewegte sie sich nicht. Nichts blieb.
»Nur pochierte Eier.«
Auf dem Rückweg sah er, daß sein Vater nach Hause gekommen war: Er war noch nicht bereit für seinen Vater. Der Schlackeweg über den Wohnwagenplatz und durch die Birken brachte ihn zum Feldweg. Er überquerte ihn und kam zu dem Grundstück, wo Jan gelebt hatte. Er fühlte in seiner Anoraktasche nach. Der Schlüssel war da. Er ging zu ›The Limes‹: Kein Licht war zu sehen außer am Klingelknopf. Er drückte ihn. Das gleiche Läutwerk. Seine Muskeln spannten sich. Wer immer sie sind, sie hät-

ten doch den Anstand besitzen können: wer immer. Er drückte noch einmal. Der gleiche Ruck.
»Konditionierter Reflex.«
Niemand kam. Er ließ den Schlüssel in den Briefkasten gleiten, aber kurz vor dem Loslassen zog er ihn zurück. Die Straße lag ruhig. Er steckte den Schlüssel ins Schloß. Er ließ sich drehen. Die Tür war offen.
Tom ging hinein. Die Gerüche des Gebäudes taten weh. Es waren Gerüche, die er vergessen hatte. Der Anstrich, der Putz, das Holz überraschten ihn. Er war nicht bereit dafür. Wer immer sie waren, sie benutzten weiterhin Zitrone zum Säubern der Spüle. Nur Jans Mutter hatte das getan.
»Assoziation von Vorstellungen.«
Aber die Zitrone verletzte ihn. Keine Veränderung war vorgenommen worden. Im Dunkeln tastete er nach dem Lichtschalter. ›Jan und Tom‹. Sie hatte ihre Namen mit einer Nadel in die Tapete gepiekt, aber neuere Tapeten bedeckten die Stelle.
»Brauchten sie nicht.«
Er ging ins Wohnzimmer. Neue Gerüche vermischten sich mit den alten und veränderten sie jetzt, wo er Möbel und Teppiche sehen konnte, und Bilder. Alles war falsch im richtigen Raum. Der steinerne Kamin war weiß angestrichen worden, und er fand das nun glänzende Fossil noch; seine gerippte Schale war verklebt. »Wie geht's?« fragte er. Mehr Walisisch konnte er nicht.
Die Räume im Wohnwagen waren muffig von Bier und Tabak. Toms Vater sah fern, aber mit glänzenden, ausdruckslosen Augen. Tom drehte den Fernseher ab und stellte sich davor. Seine Mutter nahm keine Notiz davon, aber sein Vater sagte: »Was zum Teufel noch mal!«

Tom sah ihn an, konnte aber seinen Vater in solchen Augen nicht finden.
»Mutter.«
Sie hielt ein Puzzelteil in der Hand und blieb weiter konzentriert.
»Ja mein Junge.«
»Ich brauch' Hilfe. Von euch beiden.«
Ihr Kopf fuhr blitzartig in die Höhe. Sie war in ihren Augen zu finden. »Ich wußte es!«
»Wenn du's gewußt hättest, hättest du früher was gesagt«, sagte Tom.
»Zu was stehst du da so rum?« fragte sein Vater. »Bist du der Dienstfreie Johann, oder was?«
»Würdet ihr mir mal zuhören? Bitte.«
»Nun?«
»Sind Menschen wichtiger als Dinge?«
»Wie? Warum redet er wie 'n verstopftes Abflußrohr?«
»Es ist krankhaft bei ihm.«
»Sind Menschen wichtiger?«
»Als was?«
»Dinge.«
»Hat den ganzen Tag auf seinem Bett vor sich hin gebrütet. Dann 'ne Handvoll Puzzelteile, und damit meint er wohl seine Pflicht getan zu haben für die nächsten paar Jahre, denk' ich.«
»Ehrensache«, sagte sein Vater.
»Was denn?« fragte Tom. Er beugte sich über ihn, begierig, ohne seinen Atem, seine Augen zu beachten. »Was denn?«
»Randvoll am Abend vorher, am nächsten Morgen als Erster angetreten. Das is' unser Haufen.«
»Mutter!«

»Hängt davon ab, nich' wahr?«, sagte sie. »Kommt ganz drauf an, an was man glaubt.«
»Wo kommen die Babys her, Sergeant-Major?«
Sein Vater bemühte sich, ihn scharf anzusehen. »Wie?«
»Mutter, wo kommen sie her?«
Sie nahm ein weiteres Teil vom Puzzel auf. »Jetz' wirst du hestyrisch. Du weißt das sehr gut.«
»Na wer hat's mir denn gesagt? Ihr doch nich'! Ich weiß noch, wie ich's mit sieben mal gefragt hab'. Du hast deinen Hut aufgesetzt. Ich hab' gefragt, und du hast gesagt: ›Das wirst du schon zur rechten Zeit herausfinden.‹ Ich hab' gewußt, daß ich nich' nochmal fragen durfte. Aber wem wollt ihr jetzt die Schuld geben? Euch? Mir? Jan?«
»Sie ist doch nich' etwa?« fragte sein Vater.
»Nein. Das war nur 'n Beispiel –«
»Wer weiß, was sie in London so treibt«, sagte seine Mutter. »Auf die solltest du aufpassen. Sie fängt dich ein und erzählt dir das Blaue vom Himmel runter. Also paß auf, mein Junge. Sieh dich vor, daß sie dich nich' dafür verantwortlich machen kann.«
»Wovon reden wir eigentlich?« fragte Tom.
»Von ihr«.
»Jan?« fragte sein Vater.
»Machen wir nicht. Wir reden nicht, wir hören nicht zu, haben wir auch noch nie gemacht, aber bitte, bitte, bitte nur heut' abend mal. Sind Menschen wichtiger als Dinge?«
»Wie deine Mutter gesagt hat, 's kommt ganz drauf an –«
»Blut ist dicker als Wasser –«
»Bitte!«
»Ah, es is' spät«, sagte sein Vater. »Ab ins Bett mit dir und deinem wirren Zeug. Aus dir könnte man eher 'ne Tür als 'n Fenster machen.«

»Weswegen?«
»Deswegen.«
»Was: deswegen?«
»Halt' die Klappe.«
»Du bist ein Säufer!«
»Sprich nich' so zu deinem Vater!«
Tom drehte sich um zu seiner Mutter. »Wenn ich jemals zu dir spreche«, sagte er, »dann gnade uns Gott.«
Er ging aus dem Wohnzimmer. Der Wohnwagen schwankte. Er hörte den Gürtel seines Vaters beim Aufschnallen knirschen.
»Er is' noch nich' zu groß –«
»Vorsicht, mein Puzzel –«
Aber niemand kam. Niemand schrie. Er erreichte sein Bett.
Das Bett war frisch gemacht. Saubere Laken. Die Zierdecke straff gespannt. Neben seiner Lampe stand ein blauer Spankorb, der zu seinen Spielsachen gehört hatte, die immer noch in einer Ecke aufbewahrt wurden. Der Korb war für zwei Stoffhunde mit scheuen Glasaugen: Ein Muttertier mit ihrem Jungen, denen die Zungen heraushingen. Seine Notizen waren achtlos mit den Büchern unterm Bett verstaut. Die Axt war weg.
Er riß an den Hunden und rannte los, mit jeder Hand einen an der Kehle gepackt.
»Es tut mir leid«, sagte sein Vater. »Das Bier hat aus mir gesprochen.«
»Was hast du getan?« schrie Tom.
»Was denn getan, mein Junge?«
»Meine Notizen!«
»Ich weiß doch, du bist überarbeitet. Kümmer dich jetz' nich' drum: Du bist müde.«

»Scheiß Pip und Pongo, herrgottnochmal!« Er warf die Hunde nach ihr und verfehlte sie.
»Es waren deine Lieblinge —«
»Die Steinaxt!«
»Die was?«
»Der Stein!«
»Ach sowas war's. Ich dachte, du warst fertig. Ich hab' ihn weggeworfen.«
Tom sprang die Stufen vom Wohnwagen hinab zur Mülltonne. Er hob den Deckel. Die Axt lag unbeschädigt zwischen Teeblättern und Suppendosen. Er hob sie aus der Nässe und säuberte sie, wischte das Schmierige mit seiner Hand ab.
Seine Eltern sahen ihn von der Türschwelle her an. Er sah sie an.
»Dem Orion hab' ich vergessen.«
»Deine Sprache«, sagte sein Vater sanft.
»Ich weiß«, sagte Tom. »Ich weiß.«
Seine Mutter war fertig mit ›Ein stiller Winkel‹, einem strohgedeckten Gasthaus, schwarze Eiche, weißer Putz. Er erkannte es. Er hatte es in Barthomley vom Friedhof her gesehen.
»Bin ich froh, daß es nich' die Kirche ist.«
»Willst du irgendwas?« fragte sein Vater. »'n Tropfen Scotch?«
»Nein. Danke. Tut mir leid. Ich werd' mich in Zukunft zusammennehmen.«
»Ich hab' mir gedacht, daß du müde sein wirst«, sagte seine Mutter. »Ich hab' dein Bett extra sorgfältig gemacht. Ich hab' gedacht, daß du genug von den ganzen Papieren hast.«
»Danke. Danke«, sagte Tom. »Gute Nacht.«

Er stülpte die Hörer über und drehte ›Quer rüber‹ voll auf. Nachdem es das dritte Mal durchgelaufen war, schlief er ein und erwachte erst wieder beim letzten Pfeifen der Batterien. Er würde neue kaufen müssen.

Margery hörte Thomas schreien. Seine Stimme hallte auf der Treppe wieder. Sie ließ das Kochen sein und rannte zu ihm. Sie war im Dunkeln und schleppte sich die Stufen hinauf, wobei ihre Füße auf den engen Tritten mehrmals ausrutschten. Als sie auf dem Turm hinaus ins Licht kam, war sie geblendet. Mow Cop erhob sich deutlich hinter der Brustwehr, und dann sah sie Thomas. Er fluchte, schluchzte, versuchte John Jaeger zu schlagen: Aber Johns langer Arm hielt ihn an seinem Kopf von sich weg. Sein junges Pfarrer-Gesicht war verzerrt. Sie sah Verachtung und Spott darin. Sie schlug ihm ins Gesicht mit der ganzen Kraft ihres Körpers. Der Arm zog sich zurück. Thomas taumelte, und sie hielt ihn sicher.
John Jaeger starrte sie an, versuchte zu lächeln, ohne sich was zu vergeben.
»Wirklich sehr interessant.«
Sein Hohn traf sie voll und ganz.
»Hoffentlich erleb' ich's noch, wie dein Sarg rausgetragen wird«, sagte sie.
John lief in das Dunkle des Turms.
»Na komm«, sagte Margery. »Hör auf zu kreischen. Er ist weg. Ich bin doch hier.«
Thomas klammerte sich an sie und weinte. »Oh Madge, Madge, Madge.«
»Er ist doch weg.«

»Ich liebe dich. Ich liebe dich so sehr.«
»Ich weiß. Was hat er denn gesagt?«
»Er is' gar nich' nett.«
»Wahrhaftig nich'.«
»Madge, er hat immer auf mich aufgepaßt –«
»Er ist klug.«
»– mir was beigebracht. Mein ganzes Leben lang –«
»Klug.«
»Ich zerbrech' mir den Kopf und komm' nich' dahinter, was er vor hat. Was will er nur?«
»Was er nich' kriegen kann.«

Magoo saß bei seinem Türpfosten und rieb die Köpfe, die er in der Dämmerung gebracht hatte, mit Kalk ab. Logan machte die Runde.
»Warum noch mehr?«
»Eingebornenart. Sie erwarten es von Müttern. Außerdem geh' ich in meiner Freizeit los, außer Dienst. Ich mag's nu' mal.«
»Sie wissen, daß wir keine Mütter sind.«
»Du red' man nur für dich.«
»Der Neunten gegenüber is' das nich' aufrichtig. So ein Risiko.«
»›Aufrichtig‹?« sagte Magoo. »Das ist genau der Jargon ausm Militär-Handbuch. Genau das. Aufrichtig! Vom Berg runter würd'st du keine Stunde überleben.«
»Wieso weißt du so viel? Von welchem Stamm bist du?«
Magoo lächelte. »Mach dir mal um mich keine Sorgen. Dieser Katzenbuckler, mit dem wir geschlagen sind, der wird als erster weich werden.«

»Face?«
»Sieh ihn dir an. Nie geht er weg von dieser Nutte. Sie hat ihn völlig verängstigt. Er glaubt, daß er über vieles Bescheid weiß.«
»Worüber?«
»Vielleicht fragst du ihn lieber selbst.«
Sie saß mit Macey und mahlte Roggen. Er erbot sich, den Stein mit Korn zu speisen, aber sie schob seine Hand zur Seite und nahm nur Getreide aus dem Krug neben sich. Face war unruhig. Er patrouillierte und beobachtete sie mehr als die Grenze, kratzte sich und blickte finster.
»Stimmt was nich'?« fragte Logan.
»Sie hat mich weggeschickt«, sagte Face.
»Du kennst den Befehl.«
»Nich' deswegen. Sie will mich heut' nich' in der Nähe haben. Sie singt.«
»Macht sie doch oft.«
»Hör mal. Diese Melodie. Eine religiöse.«
»Ihre Worte krieg ich nich' mit.«
»Sie macht irgendwas: anders.«
»Ist heut' 'n Festtag?«
»Das kann jeder Tag sein. Jedenfalls keiner der großen.«
»Na los dann.«
»Nein.« Face hielt Logan zurück. »Wir dürfen nich' näher ran.«
»Hör mal, du Heini«, flüsterte ihm Logan zu. »Reiß dich zusammen. Du bist einer von der Neunten, kein Gook.«
»Sie macht irgendwas anders. Was andres.«
»Wachsam bleiben.«
»Jawoll, Sir.«
»Überlaß das Backen dem Versorgungs-Corps. Und mit Magoo hattest du Recht. Er is' durch und durch Mutter.

Wir haben Schwierigkeiten.«
Sie sang. Das Klingeln des Steins begleitete ihre Stimme.

»– du sahst mich an, sahst mein Gesicht:
Du fragtest nicht nach meinem Sein –«

Bei jeder Pause speiste sie den Stein. Macey lauschte und war glücklich.

»– nicht nach dem harten Stein der Erde.
Die Göttin könnte nicht mahlen,
wüßte das Mädchen nichts von der Mühle –«

Die Worte waren aus den Großen Worten, er erkannte sie, doch das Wissen um ihre Bedeutung war nur ihr gegeben.

»– und, sanfter Jüngling, laß dir sagen,
ich bin's, mit der die hohen Kön'ge schlafen.
Gebunden bin ich. Kalt mahlen meine Hände.
Die Mühle dreh' ich. Hart für Logan.«

»Hast du kalte Hände? Ich wärm' sie dir«, sagte Macey.
»Du darfst mich nicht berühren«, sagte sie. »Heiz den Backofen an.« Sie vermengte das Mehl mit Wasser zu flachen Laiben und buk das Brot. »Bring's ihnen, bevor es sich abkühlt. Sie wollen es warm haben, gegen den Wind. Sie sind immer noch verweichlicht.«
»Sie hat irgendwas anders gemacht«, sagte Face. »Ich kann's nich' mit 'nem Namen belegen –«
»Ich hoffe, das Brot is' heiß, Bursche«, sagte Logan.
»Is' es«, sagte Macey. »Ich hab' mich extra beeilt.«
»Bring Magoo seins.«
»In Ordnung.«
»Äh – was meinst du, hat sie irgendwelche Tricks vor?«
»Ich war den ganzen Tag über mit ihr zusammen.«

»Und die Nacht«, sagte Face. »Aber er würd's gar nich' mitkriegen.«

Macey ging zurück zum Feuer, nachdem er Magoo den Laib gebracht hatte.

»Wo ist meins?«

»Wir essen das von gestern auf«, sagte sie.

Er grinste. »Du glaubst, ich bin verweichlicht, wirklich. Nich' wahr? Bin ich nich'.«

»Dann runter mit den Krusten«, sagte sie. Ihre Augen waren erschöpft.

Magoo stopfte sich den Mund voll und aß. Face und Logan brachen das Brot. Es dampfte. Sie tranken Bier.

»'n bißchen kleistrig«, sagte Logan. »'s Getreide geht uns aus. Aber alles in allem haben wir's nich' schlecht getroffen.«

»Es stinkt.« Face spülte seins runter. »Ölig.«

Logan beschnüffelte seine Hände. »Es ist das Mehl. Irgendwie – fischig?«

Face stöhnte und griff nach dem Bierkrug. Er trank, bis es ihn würgte. Den Krug ließ er fallen. Er zersprang auf den Steinen, und Face kratzte Gras und Heidekraut zusammen und versuchte es zu schlucken, aber er mußte wieder würgen. »Kotzen! Kotzen!« Logan bemühte sich: Nichts kam hoch. Er schluckte krampfhaft Sand. »Was?« rief er. »Was is' passiert?«

»Ich wußte es. Irgendwas. Anders.« Face zog seine Hand aus der Kehle. »Ich konnte es nicht erkennen. Es war anders. Der Stein. Sie hat ihn anders rum gedreht. Das Mehl. Sie hat es gemahlen. In Richtung Sonnenuntergang.«

Tom wartete, bis seine Eltern im Bett waren und alle Bewegungen des Wohnwagens aufgehört hatten. Er zwang sich, noch einmal ›Quer rüber‹ anzuhören. Er ließ einen Zettel da, auf dem stand: ›Früh weg, spät zurück‹. Sein Fahrrad versteckte er unter einer Hecke; dann lief er über die Felder und kletterte aufs Tankstellengelände an der M6. Um diese Zeit war es nicht schwer, einen einsamen Fahrer zu finden, und die Nacht neigte sich dem Ende zu, von der M6 zur M1, und er überquerte den Vorplatz des Bahnhofs Euston, während London noch ruhig lag und die ersten Vögel sich regten.

Im Innern der großen Halle hallten die Reinigungsmaschinen. Die Abfahrt- und Ankunfttafeln klickerten, rasselten. Das Tempo war lässig, aber mit zunehmendem Licht steigerte es sich. Der Platz war warm und die Bänke nicht hart. Aber er konnte nicht still sitzen. Er patrouillierte hin und her, aufgeregt, sein Mund trocken, und Hände und Füße kribbelten. Bahnpolizei stand am oberen Ende der U-Bahn-Rolltreppen.

Er ging zum Fahrkartenverkauf und fand den Schalter, den sie benützen würde. Er hatte eine gute Versteck-Möglichkeit hinter einer Säule vorm Erster-Klasse Schalter. Leute kamen aus allen Richtungen, aber sie kanalisierten ihre Bewegungen entlang den gleichen Wegen zum Fahrkartenlösen. Er würde nicht gesehen werden.

Sie würde die Rolltreppe hinauf kommen, um die Polizisten herum, zur Schlange. In dem Augenblick, wo sie eine Tagesrückfahrkarte verlangte, würde er seine Hand auf die ihre legen und sagen: »Willste verreisen?« In der Zwischenzeit steigerte sich das Geklapper an den Tafeln, Schritte ließen Rhythmen entstehen, und er zählte die Mosaiksteinchen an der Säule. Vierzig, mal zweiundvierzig,

mal fünfunsiebzig in der Höhe. Sie würde früh da sein, um sich einen Sitzplatz zu sichern.
Sie kam den Vorplatz entlang, am Kriegsdenkmal vorbei. Er erkannte sie nicht leicht. Ihr Gang war wie immer, und auch ihr Haar. Aber ihr Mantel, ihre Schuhe, ihr Kleid: Die waren nicht für Mow Cop bestimmt. Er hatte sie noch nie gesehen, auch nicht das Handköfferchen.
Der Mann neben ihr trug seinen Mantel überm Arm. Sie mußten mit dem Taxi gekommen sein. Sein Anzug saß wie angegossen. Das Kavalierstaschentuch paßte zu Schlips und Hemd. Seine Aktenmappe war neu, und er hatte nicht Zeit gefunden, Aufkleber der Fluggesellschaften zu entfernen. Sein Haar war gut frisiert, seine Schuhe glänzten, und er ging mit Jan untergehakt.
Er ging mit ihr am Kartenbüro vorbei auf den Erster-Klasse Schalter zu, auf Tom zu. Tom gelang es, langsam um die Säule herum zu gehen und nicht gesehen zu werden. Sie gingen an ihm vorbei. Der Mann kaufte eine Fahrkarte und gab sie Jan. Sie nahm sie, sie nahm sie an, und dann gab er ihr Geld und faltete ihre Hände darüber. Sie steckte das Geld weg und ging mit dem Mann zur Bahnsteig-Sperre.
Tom kaufte seine Fahrkarte, Einfach nach Crewe, und folgte ihnen. Jan war im Fenster eines Erster-Klasse Wagens zu sehen. Der Mann stand auf dem Bahnsteig, sah hoch zu ihr, seine Hand auf ihrem Ärmel.
Tom arbeitete sich durch den Zug durch, bis er sie sehen konnte. Sie unterhielten sich: Seine Hand lag auf ihrem Arm, und sie ließ es zu: Der Pfiff ertönte. Der Mann küßte sie auf die Wange, und der Zug fuhr sachte an. Tom beobachtete ihn. Ihre Gesichter glitten aneinander vorüber, langsam, dicht, nur durch Glas getrennt. Der Mann wink-

te, seine Augen auf einen Punkt hinter Tom fixiert, und er lächelte.
Bei den Gleisanlagen von Basford stand Tom auf, um nahe der Tür zu sein, wenn der Zug in den Bahnhof einlaufen würde. Er rannte die Stufen hinauf und wartete jenseits der Sperre auf Jan. Sie kam zu ihm in ihrem gewöhnlichen Anorak und in Jeans. Der Gang und ihr Haar waren gleich geblieben.
»Wo ist das Rad?«
»Ich hab's heute nich' bei«, sagte Tom.
»Macht nichts.«
»Ja.«
»Heute mal was Neues?«
»In Ordnung.«
»Oder willst du den Geheimpfad nach Basford?«
»Ich will überhaupt nichts Geheimes.«
»Oh. Wieder mal ganz hübsch in Stimmung, was?«
»Hab' keine Stimmung.«
»Haben sie dir wieder mal zugesetzt?«
»Nich' so, daß ich's gemerkt hätte.«
»Versuchen wir mal diese Straße«, sagte Jan. »Das is' so ziemlich die mieseste, selbst für Crewe.« Sie war schnurgerade, von Mauern begrenzt, und wo sich Häuser zeigten, waren sie schäbig. »Damit verglichen bist du 'n strahlender Typ.«
Sie liefen weiter. »Komisch«, sagte Jan. »Wenn wir uns treffen, gibt's immer irgendwann irgendsowas wie jetzt.«
»Wie was?«
»Nich' genau wie jetzt: aber irgendsowas. Als wenn wir erst den Schock, uns zu treffen, absorbieren müssen.«
»Die Überraschung?«
»Sogar heimlichen Groll, ein paar Minuten lang. Beinah'

nach dem Motto ›Warum bist du nicht wie deine Briefe?‹ Ich glaub', ich hab's raus. Je länger ich von dir weg bin, desto gewisser wird meine Liebe zu dir. Weil wir einander nicht haben, haben wir Erinnerungen, und diese Erinnerungen vereinfachen sich. Wir vergessen unsere Fehler und konstruieren vom andern ein Idealbild. Und dann, wenn wir uns treffen, wird der Unterschied sichtbar. Es stellt sich heraus, daß wir Menschen sind, die Fehler erscheinen als Kritikpunkte, aber schließlich setzt sich doch die gute Seite durch, und wir balancieren uns aus. Aber das dauert 'ne Weile.«
»Bist du fertig?«
»Ja.«
»Ich hab' noch auf die Bibliographie gewartet.«
»Du zeigst nur, wie recht ich habe«, sagte Jan.
»Tadellos.«
»'ne halbe Stunde später würdest du nicht so brutal sein, oder?«
»Ach.«
»Meinst du nicht?«
»'türlich.«
»Mir erlaubt man nicht, nach einer deiner intellektuellen Safaris so leicht davonzukommen. Du könntest ruhig auf das, was ich gesagt habe, eingehen.«
»Da gibt's nichts einzugehen. Du hast recht.«
»Ich liebe dich«, sagte Jan.
»Wir haben ›Liebe‹ noch nicht definiert.«
»Warum bist du so kalt?«
»Meine Blase ist voll.«
»›O Ihr, die Ihr Schlimmeres als dies erlitten habt, selbst diesem wird ein Gott ein End' bereiten.‹«
»Äneas, Buch eins.«

»Ich kann auch zitieren, was? Du hast nich' das Monopol.«

»Aber ist das Zitat passend?«

»Benutz deine Augen«, sagte Jan. »Dieser Park wurde gestiftet von der ›London and North Western Railway Company‹ AD 1887 in Erinnerung an das Jubiläum der Thronbesteigung ihrer überaus gnädigen Majestät, der Königin Viktoria, sowie den fünfzigsten Jahrestag der Eröffnung der ›Grand Junction‹ Eisenbahnlinien. Hier wird man doch auch irgendwo pinkeln können.«

Sie liefen eine lange Allee hinunter, einem Denkmal entgegen. Jede Bank trug eine Plakette.

»›Dem Andenken Arthur Hollands und an die glücklichen Stunden, die wir in diesem schönen Park verbrachten‹«, sagte Tom. »Ehrlich. Einfach.«

»Ich hab' nur versucht so zu denken, wie du's mir beigebracht hast«, sagte Jan.

»Jede Bank. Eine Frau. Ein Freund. Goldene Hochzeit, guck mal, und ein im Krieg gefallener Sohn: Zwei zum Preis von einer. Warum auch nich'? Is' ja meist so.«

»Da sind die Toiletten«, sagte Jan.

»Einfache, ehrliche Graffiti-Schreiber«, sagte Tom, als er wieder raus kam.

»Dadrin?«

»Hier«. Er lief quer über den Rasen. »Selbst die Bäume. Einer für Edward den Siebenten. Einer garantiert vom Ölberg. Sie passen hier auf dich auf. Die Liebenden und die Toten. Sogar der Soldat oben aufm Kriegerdenkmal hat einen Blitzableiter am Jäckchen.«

»Ein schöner Park, am Ende einer miesen Straße?« sagte Jan. »Du siehst mehr dahinter, oder nich'? Du blödelst nich' einfach so rum?«

»So viele Leute haben sich alle Mühe gegeben, ein Andenken zu erhalten, eine Markierung im Fluß der Ereignisse zu setzen. Wir nicht.«
»Bei uns ist der Fluß auch noch lebendig.«
»Wir haben's nie versucht.«
»Du wirst rührselig«, sagte Jan.
»Ich hab' mich so sehr bemüht.«
»Und wie paßt das zu deinem neuen sozialen Bewußtsein?« fragte Jan. Sie standen vor einem heruntergekommenen Musikpavillon. »Verdun-Ecke«, las sie. »Diese Bäume sind aus Samen gewachsen, die 1918 aus Verdun, Frankreich, mitgebracht worden sind.«
»Scheiße!«
»Ein paar ehrliche Bäume?«
»Ich hab' Durst.«
»Für 'ne Million Männer?«
»Ich hab' Durst.« Er lehnte sein Gesicht an die feuchte Borke. »Eines der Eisernen Kreuze in unserm Wohnwagen kommt aus Verdun. Diese Bäume sollten bluten. Irgendwas sollte bluten.«
»Kann ich helfen?«
»Das möcht' ich bezweifeln.«
»Ich bin nicht der Möbelverkäufer.«
»Nein.«
»Sag's mir.«
Mit dem Gesicht lehnte er immer noch am Baum. Er schlug sich mit einer Faust sacht vor den Kopf und hielt Jan dicht bei sich.
»Ich fürchte, irgendwas is' ganz schön faul hier drinnen.«
»Sag's mir.«
Er ging vom Baum weg. »Das war pathetisch«, sagte er.

»Du hattest recht: rührseliges Selbstmitleid. Wie mein Vater, wenn er 'n paar Bier intus hat.«
»Sag's mir.«
»Du bist nich' den ganzen Weg hierher gekommen, um dich miserabel zu fühlen. Hast du mal gesagt.«
»Ich seh' doch auf den ersten Blick, wenn jemand verzweifelt ist.«
»Wirklich?«
»Wir dürfen nichts Unrealistisches vom Leben erwarten. Es kann nicht immer eitel Sonnenschein sein.«
»Aber wir können uns drum bemühen«, sagte Tom. »In zehn Minuten am Haupteingang.« Er rannte die Allee entlang.
»Warum?«
Aber er konnte sie nicht mehr hören.
Tom wartete schon, als Jan ankam. »Was treibst du eigentlich?« fragte sie.
»Wirst du schon merken.«
Ein Taxi hielt neben ihnen, und Tom öffnete die Tür. Jan staunte.
»Was soll das?«
»Rein mit dir.«
»Aber —«
»Einkaufszentrum«, sagte Tom zum Fahrer. Er lehnte sich zurück in die Behaglichkeit.
»Ich hab' von 'ner Telefonzelle aus angerufen.«
»Warum?«
»Heute, da feiern wir unser Andenken.«
»Wie denn?«
»Wirst du schon sehen.«
An der Fußgängerzone gab Tom dem Fahrer eine Pfund-Note und ging los, bei Jan untergehakt. Er betrat

den warmen, rauchgefüllten Raum, stieg über Kinder und nahm vor zwei erleuchteten Tafeln Platz. Ein Aufseher gab ihm Wechselgeld, das er in zwei gleich hohe Säulen aufteilte.
»Spiel«, sagte er zu Jan.
»Ich – ich hab's noch nie –«
»Dann paß auf. Du wirst's schnell mitkriegen.«
Die bunten Kugeln tanzten, die Stimme rief etwas aus, die Nummern klickten auf den Tafeln. Jan saß da, ohne sich zu bewegen. Tom warf Münzen in ihren Automaten und überwachte ihre Tafel, indem er ihre Hand wie einen Zweig führte, mit dem er die Nummern markierte. Sie weinte, aber lautlos, und die Konzentration des Raumes wurde nicht berührt.
»Schwer von Begriff können die nich' sein«, sagte Tom. »Man muß sich schon etwas Mühe geben, um beide Spieltafeln gleichzeitig bedienen zu können, und so spielen ja die meisten von ihnen – obwohl ja nun ständige Wiederholung 'n Ausgleich für die geringere Intelligenz darstellen kann. Ich muß wohl meine Haltung plebeischer Kultur gegenüber revidieren.«
Jan weinte sich die Augen aus.
»Bei diesem Satz verlieren wir jeder ein Pfund fünfzig pro Stunde«, sagte Tom.
Genau so war es. Tom dankte dem Aufseher und ging.
Jan war kreidebleich. Sie mußte rennen, um mit ihm Schritt zu halten. »Was sollte das?« fragte sie.
»Ich hab' was gegen das kosmische Bingo. Die Abart von Crewe is' weniger zerstörerisch.«
»Bist du verrückt geworden?«
»Nicht im geringsten. Mein Appetit ist jetzt grad richtig für das Essen, das ich vorbestellt habe. Schon schade, daß

wir nich' angemessener gekleidet sind, aber sie werden uns auch so reinlassen.«

Der Ober schob Jan den Stuhl hin. Die Tischdecke war steifes, weißes Leinen. Tom bestellte fehlerfrei und bat um die Weinkarte.

»Was zum Teufel geht eigentlich vor?« fragte Jan.

»›Ich weiß nicht‹ ist die Antwort auf deine Frage.«

»Ist dir schlecht?«

»Ich weiß nicht.«

»Wenn du mir nich' sofort eine klare Antwort gibst, steig' ich auf den Tisch und schrei los.«

Er sah ihr direkt ins Gesicht. Seine stillen Augen blickten unverwandt, und ihre Intensität tat weh.

»Was 'ne ziemlich dumme Sache wäre.«

»Ich mach's.«

»Glaub' ich dir«, sagte Tom. »Vor einiger Zeit hab' ich mal die Hypothese aufgestellt, daß es mal ganz wohltuend wäre, die Dinge einfach laufen zu lassen, das Geld zu vergessen, einfach unser Andenken zu feiern. Der Park bewies, daß sowas gemacht werden kann. Und jetz' machen wir's eben. In Ordnung?«

»Wir brauchen nicht unser Andenken zu feiern«, sagte Jan. »Wir haben doch schon so viel. Du hast 'ne ganze Eisenbahnfahrkarte verplempert. Wir haben ein ganzes Wochenende vertan.«

»Genau das haben wir nicht. Eine Flasche von Nummer siebzehn, bitte«, sagte er zum Wein-Ober. »Liebst du mich?«

»Ja«, sagte Jan.

»Dann denk daran und verdirb nich' den heutigen Tag.«

»Ich werd's versuchen.«

»Du siehst mehr schockiert als amüsiert aus.«

»Das ist es«, sagte Jan. »Deine Augen. Ein Schock. Ist zu Hause irgendwas passiert?«
»Irgendwas passiert immer zu Hause: jede Menge Nichtiges.« Er kostete den Wein. »Ja danke«, sagte er zum Ober. Der Ober nickte und füllte Jans Glas.
»Ein Mosel«, sagte sie.
»Ausgezeichnet zu Kalbfleisch.«
»Du weißt, daß mir davon schlecht wird.«
»Das war der Hummer, nich' der Wein. Oder etwa doch?«
»Verzeih. Ich bin nicht daran gewöhnt. Ich versuch' aufzuholen: Verzeih.«
»Woran gewöhnt?«
»All' das verdammte Zeug hier! Nein.« Sie streckte ihre Hand aus und ergriff seine. »Nein. Es tut mir leid.«
Tom erhob sein Glas. »Auf uns dann.«
»Ja. Auf uns beide.«
»Und nich' auf die glorreiche deutsche Traube.«
Er paßte auf, daß sie jeden Gang aß. Sie tranken Kaffee, und er zahlte die Rechnung.
Ein Taxi wartete schon, als sie das Hotel verließen.
»Mow Cop, bitte«, sagte Tom.
Jan sagte: »Brauchst du das jetzt?«
»Ja.«
»Schön.«
An der Steigung mußte das Taxi sämtliche Gänge ausnutzen. Tom hatte seinen Arm um Jan gelegt, ihr Kopf lag auf seiner Schulter. Sie fuhren zur Burg, und wieder gab Tom reichlich Trinkgeld.
Sie standen neben der künstlichen Ruine, am Rand der Klippe. Der Wind blies Jans Haar über Toms Gesicht. Er kaute auf einigen Strähnen und starrte den Felssturz hinunter.

»Höhen vertrag' ich wirklich nich' im geringsten«, sagte er, »aber dein Haar hilft mir über alles hinweg. Was für 'n Shampoo benutzt 'n du? Sieh doch nur, wie da die Mühlsteine halb aus dem Fels rausgeschnitten sind. Is' das nich' irre? Ordnung, die dem Chaos entwächst. Ich leide eigentlich mehr an Akrophobie als an Schwindelgefühl. Das kann ganz schön heimtückisch sein. Ich bin froh, daß sie uns in diesen Sachen haben essen lassen, du nicht auch? Dir wäre kalt geworden, wenn du in deinem grünen Mantel und dem Kleid gekommen wärst. Hier oben, mein' ich. Zu kalt. Nich' wahr?«
»Das waren Weihnachtsgeschenke. Hab' ich dir gar nich' von erzählt.«
»Wo ist dein Handköfferchen?«
»Ich laß' es am Zeitungsstand. Sie nimmt nichts dafür. Wenn du das gesehen hast, warum hast du mich dann nich' gleich richtig begrüßt? Warum diese Dummheit, mir an der Sperre was vorzuspielen? Wir hätten länger zusammen sein können.«
»So mach' ich's nun mal. Warum reist du in anderen Kleidern?«
»Um mir selbst irgendwie zu helfen – um über den Augenblick des Abschieds hinweg zu – zu – ich zieh' mich doch im Zug um. Du konntest meinen Mantel gar nicht sehen. Nur meinen Koffer –«
Es war, als schlüge sie jemand. Die Gedanken stürzten auf sie ein. Tom zog sie von der Klippe weg in den Schutz der Burg.
»Was ich mich immer schon gefragt habe«, sagte Tom, »ist, ob man zum Naseputzen noch extra ein passendes Taschentuch bekommt. Oder gibt's nur das eine, das zu Schlips und Hemd paßt?«

»Was hast du getan?«
»'ne Menge«, sagte Tom. »Aber im Augenblick is' nur wichtig: Ich hab' geglaubt, in der ganzen Zeit und in all' dem Raum gibt's eine einzige Person, die ehrlich ist. Ich hab' gemeint, ich hätte sie gefunden. Ich hab' gemeint, sie würde mich akzeptieren und ich könnte ihr vertrauen. Ich hab' an Vollkommenheit geglaubt. Ich hab' nicht für möglich gehalten, daß die Vollkommenheit mit einem im voraus bezahlten Erster-Klasse-Billett sich herablassen würde, das miese Crewe zu besichtigen. Ich bin nach London gefahren, um mir die Queen anzusehen, genauer gesagt den Grundstein, den sie für Bahnhof Euston gelegt hat, in der Nähe vom Kartenschalter. Ich bin getrampt, um das kostbare Geld für ein Überraschungs-Festessen zu sparen. Ich hab' am Schalter gewartet. Ich war heute zwei Stunden länger als üblich mit dir zusammen, aber ich bin Zweiter-Klasse gefahren.«
»Willst du die Wahrheit wissen?« fragte Jan.
»Hast du mich je belogen?«
»In diesem Punkt. Aber nur, indem ich's verschwiegen habe.«
»Werd' ich's ertragen?«
»Ich weiß nicht.«
»Ich hab' mir alle Permutationen ausgerechnet. Vielleicht is' die Wahrheit doch besser. Aber nicht hier. Nicht in der Burg. Die Grenze ist nicht festgelegt.«
»Unser Haus?«
»Du bist ziemlich gelassen.«
»Komm mit.« Sie führte ihn über die Felsen. Er war teilnahmslos und gähnte, selbst im Wind.
Sie setzte ihn in eine windgeschützte Ecke der Ruine, nahe am Kamin.

Lange Zeit stand sie dort, wo die Tür gewesen war und sah den Wolken zu, wie sie von Wales herüberzogen.

»Ich werd's dir erzählen«, sagte sie. »Aber erstmal: Was denkst du bis jetz'? Es wird keinen Einfluß haben auf das, was ich dir sagen will.«

»Ich hab' gelesen, was auf seinem Gepäck stand. Ich hab' ihn gehört. Ich hab' ihn beobachtet. Er weiß, was er will und ist gewohnt, daß er's bekommt. Er is' der Winzer, bei dem du letzte Ostern in Deutschland warst.«

»Ja.«

»Du hattest dich in ihn verliebt.«

»Ja.«

»Er ist beinah' doppelt so alt wie du, reich, selbstsicher«, Toms Stimme war monoton, »und ist deshalb über sowas wie Fahrradausflüge nach Barthomley längst hinaus.«

»Ja.«

»Du hast mit ihm geschlafen.«

»Ja.«

»Komm her.« Tom hielt sie fest, hielt sich an ihr fest. »Von wem ist das ausgegangen?«

»Von uns beiden.«

»Zur Hölle mit meiner Mutter!«

»Warum?«

»Weil sie recht hatte.«

»Das ist nicht fair.«

»Es ist wahr.«

»Unwahr.«

»Erzähl mir den Rest, solang ich mich sicher fühle. Warum du mich an der Nase herum führst. Warum du dir die Mühe machst, hierher zu kommen. Warum überhaupt ich.«

»Ich liebe dich.«

»Du schmeißt mit dem Wort ziemlich leichtsinnig um dich. Du liebst doch ihn.«
»Nein. Aber durch ihn weiß ich, daß ich dich liebe.«
»Sag mir nie seinen Namen.«
»In Ordnung.«
»Und ich hab' gedacht, Bingo zweihändig wär' aufreibend. Kein Wunder, daß du nich' interessiert warst. Was is' schon Bingo für 'ne internationale Rastplatz-Lilly?«
»Also nu' hör mal zu!« Jan richtete sich auf und schrie. »Hör verdammt noch mal zu!«
»Laß das Fluchen. Ich könnte sonst auch damit anfangen.«
»Wenn du's nur machen würdest. Ich bin steif vor Angst, daß du mich umbringst.«
»Schuldgefühl.«
»Ja! Von mir aus! Aber hör endlich zu!«
»Will ich aber nicht!«
»Hörst du mir nun zu?«
»Ich hab' nicht gesagt, daß ich's nicht mache.«
»Ich fuhr damals«, sagte Jan, »wegen so 'ner anderen dummen Geschichte. Jeden Jungen, den ich kennengelernt habe, hab' ich sitzen lassen. Ich fuhr nach Deutschland, nur um wegzukommen. Du weißt ja gar nicht, was Einsamkeit ist. Meine Eltern. Die verstehen das. Die verstehen alles und zu jeder Zeit, aber Zeit ist genau das, was sie nicht haben. Zeit is' nur für andre da. Sie arbeiten so hart, sie tun so viel, ich hab' sie immer bewundert. Ich weiß, daß ich der Preis bin, den sie bezahlen, es käme mir nicht ein, sie zu kritisieren. Aber Einsamkeit – und die Mädchen in der Schule, wie sie reden und prahlen und neugierig sind. Ich dachte schon, ich wäre anomal –«
»Besessen.«

»Das war ich. Einsam war ich. Du hast ja dich. Du weißt, daß du besser als die übrigen bist.«
»Ich war nich' besser als du.«
»Unterbrich mich nich'. Ich kann das nur einmal sagen.«
»Ich war nicht besser —«
»Er war nett. Er machte mir Komplimente. Er war aufmerksam.«
»Natürlich.«
»Ich wußte, was ich tat. Aber nur einmal so behandelt zu werden, als ob – ich wußte es, ich wußte es. Und jetzt kommt das Schlimmste für dich.«
»Ich will's nicht —«
»Hör zu« sagte Jan. »Hör dir diesen Dreck an. Es war nämlich gar kein Dreck. Er sagte, ich soll in sein Zimmer kommen, mir ein Buch zum Lesen holen, wenn ich nich' schlafen könnte. Ich ging hin. Im Schlafanzug. Hörst du zu? Bücher gab's nicht. Er war nett, und warm und rücksichtsvoll, und er wußte, daß ich Angst hatte, und er hat mir nicht weh getan, und er hat mir nichts versprochen. Wir wußten beide. Ich war diesem Mann so dankbar – aber nichts weiter. Er hat mich nicht erreicht. Ich kam jede Nacht zurück, zu diesem warmen Mann. Es war nur die Wärme. Er hat mich nie erreicht. Aber er hat mich zu dem gemacht, was du bemerkt hast an dem Tag, als ich nach Hause kam. Du hast gesagt, daß war das erste Mal, daß du mich wirklich gesehen hast. Das war der Grund. Er hat uns beide erst möglich gemacht. Was wir beide haben, gab es vorher nicht. Du hast mich erreicht, ohne mich zu berühren. Weil ich mich verändert hatte. Wirf ihm nichts vor. Er hat mich nie erreicht.«
»Ist er verheiratet?«
»Ja.«

»Kinder?«
»Zwei.«
»Natürlich.«
»Seine Frau –«
»Versteht ihn nicht.«
»– war schwanger. Er liebt sie.«
»Warum?«
»Was warum?«
»Warum wird's nun niemals so sein, wie 's hätte sein können?«
»Das liegt ganz an uns.«
»Er. Er hat – gesehen – berührt – was – ich nicht – Sauerkrautfresser – Vater – du schäbige Hure – kaum 'n Monat später hast du mich geküßt.«
»Schau!« Jan packte ihn am Kopf und drehte ihn zu sich. »Schau dir meine Augen an! Das bin ich! Das hat er nie gesehen! Niemand hat das gesehen!«
Tom spie ihr ins Gesicht. Sie wischte es weg und nahm einen Felsbrocken hoch. Die Kante war scharf, und sie zog den harten Sandstein langsam über ihren Handrücken. Tom konnte den Moment beobachten, wo kurz vor dem Blut ein zackiges Weiß entstand.
»Es hört wieder auf«, sagte sie. »Nächste Woche ist nichts mehr von zu sehen. Ich bin nicht verletzt. Das Ich, das wirklich zählt, ist gar nicht berührt worden. In bin unverändert.«
»Ich kann nicht –« Tom hielt seine Arme ausgestreckt.
»Jan –« Sie kam zu ihm; und er hielt sie fest. Sie ertrug den Schmerz, den ihr seine Stärke verursachte, ohne einen Laut; als sie seine Tränen fühlte, hob sie den Kopf. Er mußte würgen, wie er sie ansah, und schleuderte sie von sich, warf sie gegen die Wand und fing sie wieder auf als sie

fiel, hielt sie als wäre er eine Frau, mit solcher Sanftheit.
»Ich liebe dich«, sagte er.
Sie konnte nicht atmen. Er weinte noch immer. »Es tut mir leid: Es tut mir leid. Mein Kopf versteht ja alles. Und der Rest wird ihn schon einholen. Es tut mir leid.«
»Ich wollt's dir –«
»Verzeih, verzeih.«
»– ja erzählen.«
»Es macht doch nichts.«
»Ich hab' ihm nie geschrieben oder so. Und heute, das war Folgendes: Er kam durch London durch. Er war besorgt. Ich dachte, ich würde ihn jetzt hassen. Mach ich nich'. Aber ich dachte, er könnte uns helfen. Einen Tag so zu verbringen, wie du's wolltest. Er läßt dir sagen, er hofft, daß wir immer glücklich sind. Uns beiden hat er das Geld gegeben. Er ist weg.«
»Ich hab' dich mit Absicht den Moselwein trinken lassen.«
»Ich versteh'.«
»Hätt' ich's bloß nicht getan! Wie geht's deiner Hand?«
»Sie blutet.«
»Und die Rippen?«
»Lassen sich wieder zusammenflicken.«
»Es tut mir leid.«
»Mir nicht. Das war mir die Sache wert, daß es dich dazu gebracht hat, es zu sagen.«
»Was?«
»Du hast gesagt, du liebst mich.«
»Hochwasser und Meerjungfrauen auf Mow Cop pflegen ernsthafte Folgen für Cheshire zu haben.«
»Wir machen uns lieber an den Abstieg.«
»Das Geld, das er dir gegeben hat – das könnten wir jetzt gut fürs Taxi gebrauchen. Ich bin total abgebrannt.«

»Das geht schon in Ordnung.«
Die Fahrt zurück verlief ruhig.
»Ich hab' mich wie ein Idiot benommen«, sagte Tom. »Das ganze Geld verplempert.«
»Ich war der weitaus größere Idiot von uns beiden«, sagte Jan. »Aber jetzt sind wir wieder OK. Nicht wahr?«
»Ja.«
»Komm nich' mit auf den Bahnsteig. Wir wollen doch sparen. Sag's mir nur noch mal.«
»Ich liebe dich?«
»Und gib mir den Johnny.«
»Ich hab' ihn nicht bei mir«, sagte Tom.
»'tschuldige! Ging ja nicht. Hab' ich vergessen.«
»Es wär' so 'n schöner Tag in London geworden.«
»Ich kann dich hier nicht stehen lassen, so unglücklich wie du ausschaust.«
»Ich komm schon klar.«
»Denk an den Johnny.«
»Ja.«
»Ich liebe dich!«
»Ja.«
»Hallo.«
»Hallo.«

»SETZ DICH«, SAGTE FACE. »Ruhig jetz'!«
»Was is' los?« fragte Logan.
»Wir sind tot.«
»Was?«
»Es geht jedesmal rasch. Ohne Schmerzen.«
»Sie?«

»Dauert nich' lange.«
»Sie?«
»Warte.«
»Tot?«
»Mund und Hände zittern, dann fühlst du's.«
»Sie hat meine Neunte getötet.« Logan nahm sein Schwert.
»Ruhig jetz'.« Face hielt ihn ohne Anstrengung zurück.
»Sie trägt deine Neunte. Wenn sie stirbt, hast du nie gelebt.«
»Mein Mund –«
»Ruhig jetz' –«
»Neun Mundt –«
»Face und Logan: Was machen die da?« sagte Macey. »Soll ich mal hingehen?«
»Laß sie«, sagte sie.
»Heh, ich hab' Durst!« Magoo war's, der so schrie. »Bring uns mal 'n Bier!«
Macey nahm einen Krug.
»Paß auf ihn auf«, sagte sie. »Falls er angreift.«
»Angreift?«
»Bleib ein Stück von ihm weg.«
»Bier, du Löli! Sofort!« Magoo war nahe an der Grenze. Macey rannte hinunter zu ihm und gab ihm den Krug. Ohne abzusetzen trank Magoo den ganzen Krug leer.
»Mehr.«
»Nich' im Dienst. Hat Logan gesagt.«
Magoo rieb sich die Finger, bog sie dabei durch.
»Sag Logan, sein Kopf is' als nächster fällig. Bier.«
Macey fing den Krug auf, als er Magoo aus der Hand fiel. Er zog sich zurück. Magoo wandte sich dem Himmel und der Ebene zu und erhob seinen Speer.

»Meine Hände zittern!
Mein Mund singt!
Ich war an dem Felsen der Schlange!
Siehe! Die Schlange ist hier! Aus füllt sie den Himmel!
Die Horn-Schlange, Wächter des Mannes!«

Macey kroch zur Hütte zurück. Sie beobachtete alles.
»Große Worte! Große Worte! Magoo hat sie!«
»Nein.«
Magoo schritt die Grenze ab und schwang seine Waffen in der heiligen Weise der Mütter. Er schrie. Macey glitt mit noch mehr Bier den Felsen hinab, aber war zu verängstigt, um näher ran zu gehen.

»Die Schlange der Klus, sie wird nicht erkannt!
Die Schlange des Kogels, sie wird nicht sterben!
Blau des großen Herzens, steh mir bei!«

Macey rief nach hinten: »Das sind Große Worte! Hör doch!«

»Die Schlange des Weges, sie wird nicht zertreten!
Die Schlange des Feuers, sie wird behalten ihr Auge!
Die Schlange des Regens, die strahlende Viper!
Die große, die einzige Schlange, sie gibt, und sie nimmt!
Hier sind nun alle! Nun kommt ihre Zeit!«

Macey rannte ziellos zwischen der Grenze und der Hütte umher. Angst hatte ihn gepackt. Magoo warf seine Waffen empor und fing sie wieder auf. Jenseits von ihm war offenes Gelände und dann das Gestrüpp – das war ruhig.

»Ich bin der Sohn des Wilden Sängers!
Mutter, sei bei mir und um mich und erfüll deinen Himmel!«

Er sprang über die Grenze. »Nein!« schrie Macey ihm aus der Deckung nach.

Wie der Regen zu fallen beginnt, so kamen die Speere; auf dem harten Boden hüpften sie hoch; aus allen Richtungen: und dann die Pfeile. Sie pfiffen durch die Luft und trafen auf. Magoo fegte sie weg, aber einige wußten ihr Ziel zu finden, es waren zu viele. Magoo sang und röhrte. Die Pfeile, die Speere zog er hinter sich her. Sie rasselten, als wären sie verknöcherte Teile seinerselbst. Er blieb stehen.

»Mutter«, sagte er, und nur Macey hörte ihn, »warum hast du den Himmel entleert?« Er war tot.

Macey eilte zurück. »Er ist nicht auf dem Berg geblieben«, sagte sie.

»Katzen!«

Das Gestrüpp, das offene Gelände war ruhig.

»Große Worte. Ich hab' ihn gehört.«

»Nein.«

»Ich brauch' meine Großen Worte. Ich brauch' Macey. Sie sind meine Kameraden.«

Ein Katzen-Kriegsruf hallte vom Bergrücken. Face war es. Er stand alleine und bewaffnet. »Er ist ungefährlich«, sagte sie. »Geh zu ihm.«

Face bewegte sich in einer anderen Zeit. Er erkannte Macey, aber er sprach zu anderen Leuten, anderen Dingen. Er sprach, aber in sämtlichen Zungen Roms und der Eingeborenen. Er schien glücklich zu sein, und für Macey war das der einzige Schutz.

»Mir geht's gut ich hoffe ihr seid könnt kämpfen ihr ich. Warum nicht längst zum Mow Cop seid ihr gekommen alle bitte aber jeder macht keine Sorgen. Ich will wissen nun alle sehen den gleichen Himmel nun bald.«

Face hörte nicht auf. Ein Streifen seines zerrissenen Hem-

des wurde rot. Das Rot im Hemd wuchs an, und Faces Worte vergingen ohne Abschluß. Wie er fiel, sah Macey das rote Dunkel auf seinem Rücken.
»Kid, streck' deinen Arsch nich' so hoch!« flüsterte Logan ihm auf Lateinisch aus einer Felsspalte zu. »Die meisten haben wir erwischt, aber der Rest schleicht hier noch irgendwo rum.« Sein Schwert hatte Face durchbohrt.
»Logan?«
»Wir sind kampfbereit. Sobald sie sich zeigen, schlagen wir los: Soviel wie sie wollen, mit ganzen Kompanien in Reserve und Kavallerie. Ich hab' die Neunte zusammengezogen, all' unsre wunderbaren Bastards. Wenn wir über diesen Bergrücken gehen – ohne Quatsch! – wenn wir da rüber gehen, dann is' die Neunte in voller Breite hinter uns. Biste bereit?«
»Nein!« Macey versuchte, zu ihr zu gelangen. »Was kann ich nur machen?« Aber sie konnte die Hütte nicht verlassen. Sie konnte nicht laufen.
»Sie halten uns für Hasenfüße.« Kein Feind war da. »Biste bereit? Kannste für mich deinen Flip kriegen, wie? Mintaka, Baby? Los, auf geht's: in voller Breite! Ausgeschwärmt!« Logan schritt aus seinem Schutz heraus auf den Felssims.
»Nein«, sagte Macey. »Logan. Sir. Kamerad. Logan. Nein.« Er war ihm voraus. Obwohl er sich flach auf die Felstafel legte und seine Hände ausstreckte, konnte er Logan nicht erreichen.
»Ausgeschwärmt!«
Logan schaffte es, zweimal mit seinen Armen in der Luft zu schlagen, bevor er auf Fels auftraf. Bis die Bewegung in seinem Körper anhielt, dauerte es längere Zeit.
Himmel, Berg, Ebene waren leer. Der Wind blies Sand vor

sich her. Macey schleppte sich zum Feuer, und sie hielt ihn fest, um ihm von ihrer Stärke abzugeben. »Es war die Göttin«, sagte sie. »Die mit ihr schlafen müssen sterben.«
Er sprach klar und deutlich. »Ich konnte ihnen nicht helfen. Ich konnte den Flip nich' kriegen. Nun is' Macey weg. Kein Ich. Keine Großen Worte. Kein Zweck. Sie haben was gesehn. Ich nicht. Nich' mal das konnte ich für sie tun. Ich bin verschwendete Zeit. Sogar Magoo: sogar er: Er hat gesehen. Nimm es. Nimm es von mir.«
»Nein«, sagte sie. »Sie haben nichts gesehen. Du bist derjenige, der wirklich sieht.«
»Nicht jetzt.«
»Jetzt.«
»Und niemals mehr.«
»Mehr denn je. Einer muß es. Das Töten ist zu Ende. Macey ist wirklich bald da.«
Dann weinte er. »Meine Kameraden. Meine glänzenden Kameraden.« Nur dann.

»NA DANN, MADGE. ICH werd' auf ihn aufpassen. Mach, daß du ins Warme kommst. Du holst dir ja den Tod.« Dick Steele legte seine Hand auf ihre Schulter.
»Es geht ihm nich' gut«, sagte sie.
»Es wird schon werden, solange du ihm nich' das Gegenteil erzählst.«
»Er ist wirklich nich' gut dran.«
»Laß ihn mal aufstehen.«
»Mir geht's gut«, sagte Thomas. »Ich kann Wache halten.«
Margery ging die Treppe hinunter. »Du paßt auf ihn auf, denk dran.«

»Hast du irgendwas gehört?« fragte Dick Steele.
»Nein«, sagte Thomas. »Da draußen bei Basford is' Rauch.«
»Keiner näher dran. Niemand überquert die Felder. Sie werden auf den Feldwegen sein: Also hör gut hin. Wenn sie nicht grad Behausungen anstecken, sehen wir sie nicht, bevor sie hier sind.«
»Ja, Dick.«
»Und ich zweifle, daß sie auf Mow Cop sind. Wir woll'n dir mal lieber diese Seite vom Turm geben.«
John ging zur Kanzel. »Ich werd' mit meinen Männern hinausziehen, Vater.«
Der Pfarrer kam die Stufen hinab zu ihm. »Du solltest besser bei uns bleiben, John.«
»Nein. Wir zeigen uns ihnen heute. Wenn sie kommen und sehen, daß wir bereit sind, werden sie's nich' versuchen, denk' ich.«
»Ihr könnt sie genau so gut provozieren. Sie ziehen sich zurück und bringen irgendwas Teuflisches zustande, womit sie euch aus der Deckung locken. Bleibt hier bei uns.«
»Wir sind ein zu großes Risiko für euch.«
»Nicht einmal die Iren werden an Weihnachten Gottes Haus anrühren.«
»Barrow Hill ist die einzige Stelle, von der aus wir kämpfen könnten«, sagte John. »Ich hab's nicht gemacht, um dich zu ärgern.«
»Diese Palisade ist schlimmer als nutzlos«, sagte der Pfarrer. »Sie stellt eine Herausforderung dar, die du nicht verteidigen kannst. Du hättest jeden Iren töten können, jeden einzeln, aus den Hecken heraus, aber du kannst nicht kampfgewohnte Männer im freien Feld schlagen. Wenn

du spielen willst, mußt du dafür sorgen, daß du immer gewinnst.«
»Warum hast du das nicht früher gesagt?«
»Ich bin nicht gefragt worden.«
»Es gibt bessere Taktiken als meine.«
»Herz und Kopf, John. Die sollten einander kennen. Deine beiden haben sich nichtmal getroffen.«
»Du regst mich auf!«
»Die Palisade da ist doch erbärmlich: Nur die Toten leiden darunter.«
»Warum mußt du immer recht haben?« John schrie es beinahe.
»Nicht, um dich herabzuwürdigen.«
»Das kriegst du aber fertig.«
»Bleib bei uns.«
»Ja.«
»Das ist dein Kopf.«
»Und wo ist dein Herz?« fragte John.
»In Basford und Crewe, wo es die Wölfe tötet, die um meine Lämmer sind.«
»Warum aber tust du das nicht, um Gottes willen?«
»Um Gottes willen.«
»Ich will's hoffen«, sagte John und verließ die Kanzel.
»Jeder Hund, der Blut geleckt hat, muß eingeschläfert werden«, sagte der Pfarrer. »Und muß er das nicht, John, weil er sich sonst gegen seine eigene Herde wendet?«
»Ich werd' dich noch dieser Tage übertreffen.«
»Aber mit Geschick und Schläue. Herz und Kopf.«
Die Kirche war warm und begann zu stinken.
John ging zwischen den Leuten umher, lächelte, scherzte, sprach vertraulich mit bestimmten Männern. Der Pfarrer nahm seine Predigt wieder auf, als ob er sie nur zum

Atemholen unterbrochen hatte. Was er sagte, wurde nicht verstanden, aber seine Stimme hielt die Kirche zusammen. John traf Margery am Fuße der Turmtreppe. Sie mußten aneinander vorbei.

»»Es tut mir leid«, sagte Margery. »Was ich da gesagt habe. Es war wegen Thomas. Quäl ihn nich' so.«
»Mach ich das denn?«
»Ich weiß nich'.«
»Und mir tut leid, was ich gesagt habe, bevor wir zur Kirche gingen.«
»Braucht's dir nicht. Es stimmte.«
»Mein Kopf und dein Herz –«
»Lieber nicht, John.«
»– treffen sich in Thomas. Liebe ihn.«
»Das mach ich ja.«
»Seinetwegen, genauso wie meinetwegen.«
Die Dunkelheit im Turm tat ihm wohl. Das Kratzen des Mauerwerks an seiner Hand gab ihm Konzentration. Auf dem Dach angelangt, war er wieder er selbst. Dick Steele und Thomas standen beieinander. Dick hob einen Finger.
»Wir haben sie gehört. Eine Tür ist eingeschlagen worden.«
»Deshalb hatt' ich euch befohlen, ein paar verschlossen zu lassen.«
»Wir hätten das Wasser vergiften sollen. Wir denken immer zu spät an alles.«
»Wir bleiben in der Kirche.«
»John?«
»Das ist mein Befehl.«
»Aber hier wollten wir's ihnen doch zeigen; beiden Seiten!«
»Hab' ich nich' vergessen. Aber wir sind dem nicht gewachsen. Wir haben nicht die Mittel dazu.«

»Also was wird gespielt?«

»Weiß noch nich'. Ich hab's mir zu einfach vorgestellt. Es gibt 'ne bessere Art, sie aufzuhalten.«

Dick Steele hielt eine Musketen-Kugel hoch. »Blei hält einen Mann auf«, sagte er. »Und weiter will ich heut' nich' denken.«

»Es wird immer noch mehr Männer geben. Nicht die Männer müssen wir aufhalten.«

»Jetzt redest du schon wie er!«

»Manchmal wünscht' ich's beinah'! Er steht da unten und singt seine Psalmen. Und doch ist er zweimal so viel wie ich. 'ne ganze Weile hab' ich schon gewußt, daß ich ihn übertreffen muß: Aber ich hab' grad erst herausgefunden, was ich da übertreffen muß. Er ist ein Killer.«

»Wer? Fanny Jaeger –?«

John lachte. »Schon gut. Ich bin ja nich' taub. Und ich hab' ihn noch schlimmer beschimpft. Na komm, wir werden in der Kirche gebraucht. Einigen Burschen schmeckt die Neuigkeit nicht.«

»Da möcht' ich wetten. Wenn du dich erstmal drauf eingerichtet hast, die Schlorren senkrecht zu stellen –«

»– is' es schwer, es sein zu lassen«, sagte John.

»Was soll ich jetzt machen?« fragte Thomas.

»Wachsam bleiben. Nicht gesehen werden. Ich schick' jemand zu dir rauf, und wir organisieren die Turmwache. Aber deine Muskete ist nur zum Aufstützen, Thomas. Die feuerst du nicht ab!«

»Wegen Madge eben –«

»Schon vergessen.«

»Mir tut's leid.«

»Mir auch.«

»Du hattest nich' das gemeint, was ich dachte. Ich hab' drüber nachgegrübelt.«
»Gib's auf«, sagte John. »Jetzt sind andere Dinge wichtiger.«
»Wirklich? Na gut, John.«
Als er allein war, blickte Thomas zum Mow Cop. Die kahlen Felsen waren rot von der Wintersonne. Sie rührten sich nicht, aber sowie er sich abwandte, schien etwas dort zu sein. Er gähnte. Er konnte es nur aus den Augenwinkeln heraus sehen. Er wußte, daß es keine Burg auf Mow Cop gab.
Er hörte das Klinkern von Metall. Thomas ließ sich unter das Parapett fallen und kroch dreimal um den Turm herum, bevor er anhalten konnte. Er fand seine Muskete und benutzte sie als Stütze. Er blickte unter dem Ohr eines katzenkopfförmigen Wasserspeiers hervor.
Die Iren waren auf dem Weg am Fuße des Barrow Hill. Einige nahmen die Palisade in Augenschein, die abgebrochene, nicht fertig gewordene, und lachten. Gestalten bewegten sich in allen Gärten, und Lärm vom Aufbrechen der Möbel erhob sich. Seine eigene Haustür stand offen. Sie waren wie Rattenschläger den Feldweg entlang gekommen. Ihre Strategie war nicht eingeübt: Sie war natürlich. Es waren zerlumpte Männer, ohne Uniform, müde und hungrig, aber sie kannten Disziplin.
Kleidung war wichtig. Einiges aus den Häusern hatten sie schon an.
Der Haupttrupp beobachtete die Kirche. Sie würden die Lichter sehen und den Gottesdienst hören können. Sie schienen entspannt zu sein – oder zu erschöpft, um sich Sorgen zu machen. Thomas hörte ihre Stimmen: Sein Bein schlug zitternd gegen das Mauerwerk. Es waren hiesige

Stimmen, nicht der Sing-Sang der Tinker. Er sah scharf hin. »John!« Aber seine Stimme brachte nichts hervor. Er kannte die Männer. Sie waren aus Barthomley und Crewe und aus der ganzen Gegend hier. Sie waren jahrelang weg gewesen, aber er kannte sie.
Seine eigene Türöffnung war verrammelt. Ein Mann kam heraus, aber er schien weiterhin nach etwas zu suchen, obwohl er schon Thomas' anderes Hemd trug, das warme, und seine Stiefel und seine Hosen. Er blieb im Garten stehen, und Thomas versuchte zu schreien. Thomas Venables. Thomas Venables. Er stammelte. Mow Cop umzingelte ihn, mit der Burgruine klar im blauen und weißen Blitzen der Wintersonne.
Er sank in eine Ecke, hielt seine Muskete aufrecht, um den Turm anzuhalten, aber er konnte immer noch Thomas Venables im blauen und weißen Licht durch den Sandstein hindurch sehen und all' die anderen Dinge, die er sah. Seine Faust ballte sich, und seine Finger zuckten im Krampf am Abzug.
John hörte den Schuß und rannte zur Treppe. Margery kam schweigsam, doch genau so rasch. Der schwarze, kreiselnde Aufstieg brach plötzlich auf in die Röte der Sonne, und dem Türsturz des Turmes gegenüber saß Thomas, hilflos, mit steifen Beinen, die Muskete zeigte gen Himmel, der Pulverdunst des Schusses hing noch in der Luft.

Jan wartete am unteren Ende der Pfarrhaus-Auffahrt. Auf der Veranda versuchte Tom, dem Enthusiasmus des Pfarrers zu entkommen.
»Danke. Ja. Nicht im geringsten –«
»Überaus erfreulich – der Konservator – außerordentlich – beglückwünschte – signifikanter Fortschritt –«
»Danke –«
Jan zerbrach einige Zweige.
»Jeder Zeit, jeder Zeit – die Schlüssel in den Briefkasten –«
»Was für Schlüssel?« fragte Jan.
»Die zur Kirche«, sagte Tom. »Ich hab' gedacht, ich bleib' lieber bei meinem ursprünglichen Interesse an der verschlossenen Kapelle und den Grabmälern.«
»Warum denn mußtest du hin zu ihm und mit ihm reden?«
»Er is' 'n ziemlich prominenter Akademiker.«
»So?«
»Ich hab' ihm geschrieben. Er war sehr hilfsbereit.«
»Es hat sich mehr so angehört, als wenn du der Hilfsbereite gewesen bist.«
»Er ist ein einsamer alter Mann und ein Spezialist. Das gibt ihm nich' viel Gelegenheit, sich zu unterhalten.«
»Wie kommt man da rein?«
»Durch die Tür«, sagte Tom. »Du hast nach gefragt!«
»Idiot. Zwei Schlüssel?«
»Einer ist für den Turm, aber er sagt, daß er immer vergißt, welcher: Und die Aussicht sei gut, wenn wir hoch gehen wollen.«
»Warum durft' ich nich' mit?«
»Er hätte sich genötigt gefühlt, uns zum Kaffee oder sowas einzuladen. Ich muß aber mit dir zusammen sein.«
»Können wir uns erst in die Kirche setzen, wie wir's immer getan haben?«

»Ja.«
»Das war die schlimmste Kluft zwischen uns.«
»Das war's.«
»Was machst du mit meinen Briefen?«
»Ich schreib' sie auf dem Original in Hieroglyphen um und verbrenne die Dekodierung. Übrigens haben wir letztes Mal vergessen, die Schlüsselworte auszuwechseln.«
»Ich hab' noch nie so viel schreiben wollen. Es macht mich ganz wuschig. Es geht so langsam.«
»Es gibt keinen schnelleren Code, den ich mich trauen würde, gegen sie einzusetzen.«
»Außerdem hab' ich Orion ausm Auge verloren.«
»Ich seh' ihn noch.«
»Liegt an den Gebäuden.«
»Im Herbst wird er wieder da sein. Wollen wir ihn gegen 'nen Circumpolarstern austauschen? Die sind immer da.«
»Ich mag Orion.«
»Wie geht's in London?«
»Fein. Und in Rudheath?«
»Der übliche Kampf ums Verderben. Und deine Eltern?«
»Letzte Woche hab' ich sie im Fernsehen gesehen.«
»Na prima.«
»Wo sind denn diese Grabmäler? Was ist Besond'res an ihnen, daß sie hinter Schloß und Riegel müssen?«
»Graffiti-Schreiber, nehm' ich an. Sie sind neben dem Chor.« Er schloß die Tür auf.
Vor ihnen lag das Faksimile einer schönen Frau, in weißen Marmor gehauen.
»›1887‹. Ich möcht' nur wissen, warum diese Viktorianer so widerlich realistisch gewesen sind. Sie sieht überhaupt nicht tot aus. Eher als wenn sie sich während der Predigt

mal kurz aufs Ohr gelegt hat. Vielleicht wollten sie 'ne bessere Erinnerung als nur 'n Foto haben.«
»Dabei läuft's mir kalt den Rücken runter«, sagte Jan.
»Hier, die Haltung ihrer Hand.«
»Schwester! Wo ist Ihre Objektivität?«
»Die is' vor 'n paar Wochen ab ausm Fenster.«
»Die hier sind besser. Die werden nich' weh tun.« Einer war ein Ritter in voller Rüstung, der Schnurrbart floß ihm über den Kettenpanzer, seine Füße standen auf einem kleinen Löwen. »Hallo Mieze.« Tom streichelte ihn. »Ja, wegen der Graffiti sind sie eingesperrt worden. Würdest du was in ihn einkratzen wollen, damit deine Initialen beweisen, wie dumm du bist?«
»Das sind nur Graffiti auf noch größeren Graffiti, und alle versuchen was zu sagen.«
»Trotzdem, wer würde das schon der armen Miezekatze antun?« sagte Tom. »Der hier drüben muß der Pfarrer gewesen sein. Sein Rock wär' mir schon recht.«
»Wieso?«
»Da ist immer noch etwas rote Farbe in den Falten.«
»Is' das wichtig?«
»Erzähl' ich dir später. Vielleicht.«
»Ich mag diese Kapelle nich'«, sagte Jan. »Geh'n wir?«
»Was stimmt mit ihr nich'?«
»Vielleicht is' es die Tote da.«
»Vielleicht.«
»Vielleicht vielleicht vielleicht vielleicht –«
»Das ist das Leben«, sagte Tom. »Du bist doch immer so für Fluß. Kontinental-Verschiebung, fünf Zentimeter pro Jahr, und das –«
»Verändern sich die Gebäude oder sind wir das?«
»Beides?«

Tom verschloß die Kapelle. Jan ging zu einer Bankreihe und setzte sich.

»Es war zu erwarten gewesen«, sagte Tom, »nach dem letzten Mal. Die Zwänge. Ich hab' kaum gewagt, nach Crewe zu fahren. Im Falle —«

»Ich wünschte, ich wünschte, ich wünschte!«

»Das ist wie ›vielleicht‹.«

»Ein Glück, daß ich nicht alles schreiben konnte. Die ganzen Selbstrechtfertigungen, die Entschuldigungen. Sie haben mich voll eingeholt.«

»Wir wechseln lieber die Frequenz«, sagte Tom. »Diese Kirche hat immer nur empfangen. Heute sendet sie. UKW Radio Barthomley.«

»Ich will raus.«

»Ich auch.«

Auf dem Friedhof schien die Sonne.

»Besser.«

»Was hast du gefühlt?« fragte Jan.

»Erhabenheit. Ich glaub', dieser Ort gibt genausoviel wie er nimmt. Tom ist kalt.«

»Ich hab' schon Angst gehabt, du würd'st es nie wieder sein.«

»Alte Spottdrossel, du.«

Sie standen im Schutz des Turms, hielten einander fest, wiegten sich sanft hin und her.

»Ich liebe dich«, sagte Jan.

»Ich find' mich langsam damit ab.«

»– liebe dich.«

»Aber es gibt noch eine Kluft.«

»Wo?«

»Ich weiß was, und ich fühle was, aber irgendwie falsch rum. Das bin ich: Alle richtigen Antworten niemals zur

richtigen Zeit. Ich erkenn's und kann's nicht verstehen. Ich müßte mein Spektrum neu einstellen, mich vom blauen Ende wegziehen. Eine Rotverschiebung wär' mir recht. Galaxien und Pfarrherren haben sie. Warum nicht ich?«
Jan wünschte nichts weiter, als ihn festzuhalten. Seine Worte flossen dahin. Bedeutung hatte nichts zu bedeuten. Sie wollte, daß er seinen Schmerz aus sich raus lasse. Er dürfte ewig so reden, aber nicht aufhören, sie festzuhalten. Jede Sekunde machte ihn weniger gefährlich. Und sie hört nich' mal zu. Warum nur kann ich keine einfachen Wörter benutzen? Sie bleiben nicht lang' genug einfach, um ausgesprochen zu werden. Ich hab' mich noch nicht mit ihren Augen und dem Geruch ihres Haares abgefunden.
»Ich liebe dich«, sagte Jan.
»Ich denk', dieser Schlüssel könnte gut in dieses Schloß passen«, sagte Tom.
Die Turmtür ging auf. Sie hing schief und schurrte über den Boden. Eine enge Stein-Wendeltreppe führte hinauf ins Dunkel.
»Du zuerst«, sagte Jan.
Im Turm waren Schlitze, doch sie ergaben nur ein diffuses Licht. Die Stufen waren schmal und das Mauerwerk bot keinen Halt. Tom und Jan machten sich an den Aufstieg, als ob es über Felsen ginge, mit Händen und Füßen tasteten sie sich die Stufen hoch.
Sie kletterten bis in die Glöckner-Stube. Ein Fenster führte zum Dach des Mittelschiffes, und die Glockenseile hingen in Schlingen. Die Turmuhr tickte und füllte den Raum mit ihrem hellen Klang: Das Hemmungsrad zuckte. Der Raum darüber war der Glockenstuhl. Er roch nach Schmiere. Die Glocken standen aufrecht, wie eiserne

Blumen. Tom hielt Jan zurück. »Bleib draußen. Sie sind auswärts gestellt. Wenn du die berührst, können sie dich erschlagen.«

»Glocken von Graffiti-Schreibern«, sagte Jan. »Sogar die müssen Inschriften tragen: als ob sie nicht schon genug Radau machen.«

> FRIEDE UND GUTE NACHBARSCHAFT
> SEI MIT DIESER GEMEINDE.
> WIR ALLE SIND IN GLOUCESTER GEGOSSEN.
> DIE LEBENDEN RUFT ZUR KIRCHE MEIN SCHALL,
> ZUR LETZTEN RUHE VERSAMMLE ICH ALL'.

»Tönende Trottel.«

»Dad hat mal versucht, die Lärmbekämpfungsgesellschaft gegen einen Vikar zu mobilisieren«, sagte Jan. »Wir steckten genau zwischen einer Kirche und einem Hundezwinger. Sie haben die Hunde zum Schweigen gebracht, aber mit dem Vikar wollten sie nichts zu tun haben.«

»Und was passierte?«

»Dad borgte sich 'n paar Lautsprecher, nagelte sie auf unser Dach und schloß sie an der Hi-Fi-Anlage an. Dienstags gab's Klassik und donnerstags Pop.«

»Und?«

»Er hat 'ne Anzeige bekommen.«

»Er muß viel Sinn für Humor haben.«

»Braucht er auch.«

Die Stufen waren im Laufe der Zeit ausgehöhlt worden, und schlüpfrig waren sie von Zweigen und dem, was die Tauben fallengelassen hatten. Bis sie zur Spitze des Turmes gelangten, gab es kein Licht. Sie bückten sich unter dem niedrigen Türsturz und standen auf dem Parapett.

»Schon 'n doller Blick«, sagte Jan.

»Da drüben ist Mow Cop.«

Sie liefen einmal ringsherum, verloren nach und nach ihre nervöse Unsicherheit der Höhe wegen.

»Das Geheimnis«, sagte Tom, »besteht darin, erstmal was entfernt Liegendes anzuschauen, und dann mit den Augen immer näher zu kommen, bis du dran gewöhnt bist. Dann ist das Senkrechtrunterschauen nicht mehr so schlimm. Hoppla.«

Jan kicherte. »Keine sehr glaubhafte Demonstration.« Ihr Haar wehte im leichten Wind über Toms Gesicht.

»Ich brauch' nur dein Haar zu riechen, schon ist mir, als ob ich fliege«, sagte Tom. »Ich könnte mit den Armen schlagen und ab. Das is' 'ne Akrophobie!«

Er kletterte auf den Absatz des Türsturzes. Er war jetzt noch über der Zinnenreihe, und nur die Eckfiale des Turms hielt ihn.

»Ich hab' keine Angst«, sagte er, »und genau das macht es so gefährlich.«

Jan setzte sich auf das Bleidach. Es stieg sacht vom Parapett aus zur Mitte hin an, in einem bequemen Winkel.

»Hast du die Sandwiches mit?«

»Sind in meinem Anorak.«

»Ich bin kurz vorm Verhungern.«

Er sprang hinunter zu ihr.

»Hätt' ich da irgendwie drauf reagieren sollen?« fragte sie.

»Ja.«

»Wie?«

»Keine Ahnung.«

»Dosenfleisch kannst du machen: Das muß ich dir mal sagen.«

Sie waren im Windschatten, unter einer hellen Sonne. Jan legte sich entspannt zurück. Ihrer beider Hände ver-

schränkten sich. Über das Parapett gelangte kein Ton. Sie schliefen beinahe.
»Er ist hier«, sagte Jan. »Aus der Kirche ist er nach hier oben gekommen: der Friede: wie herausgepreßte Zahnpasta. Blei ist ein aufnahmefähiges Metall.«
»Mir ist heiß.«
»Zieh doch dein Hemd aus.«
Sie setzte sich aufrecht und begann, ihren Pullover über den Kopf zu ziehen.
»Laß!«
»Is' ja gut, Omi: Ich hab' mir schon vorgestellt, daß es ein Tag zum Sonnenbaden sein würde.« Seine Stimme hatte zu dringlich geklungen. Sie strampelte ihre Jeans herunter.
»Siehst du?« Sie trug einen Bikini. »Weißt du noch, wie wir zum Bad fuhren und uns ums Fahrgeld drücken mußten?«
»Ja.«
Sie legte sich wieder hin. Die Wärme des Bleis machte sie dösig. Schweigen. Keine Bewegungen. Sie hielt Toms Hand ganz still.
Nach einer langen Zeit hörte sie ihn sagen: »Du bist entweder unglaublich hinterhältig, verantwortungslos, abgestumpft oder blind.«
»Was?« Sie fühlte sich betäubt von der Sonne.
»Kein Wunder, daß wir ständig reden mußten. Schweigen können wir nicht mehr ertragen.«
»Was?« Sie beschattete ihre Augen. Tom hatte sich nicht gerührt. »Ich versteh' nicht.«
»Ich auch nicht«, sagte er.
»Ich liebe dich.«
»Das sagst du.«
»Weißt du das nicht?«

»Ich weiß, daß ich 'ne Runde zurück bin.«
»Du lieber Gott –«
»Hinter jemand anderm.«
»Du kannst doch nich' 'ne Runde zurück liegen, wenn's überhaupt kein Rennen gibt.«
»Ich will nicht betteln.«
»Es hat doch vorher nichts ausgemacht«, sagte Jan. » Es hat nichts ausgemacht.«
»Das stimmt.«
»Du wolltest mit mir zusammen sein –«
»Stimmt.«
»– mit mir: nicht mit meinen Accessoires.«
»Ja.«
»Wir sind an alles immer näher gekommen.«
»Ja.«
»An alles.«
»Ja.«
»Also warum dann alles kaputtmachen?«
»Furcht.«
»Is' doch nicht nötig.«
»Auch wieder wahr.«
»Dann versuch doch nicht, mich vollkommen zu machen.«
»Es ist mehr eine Frage der Prioritäten. Ich will nicht betteln.«
»Was willst du nicht?«
»Ich will nicht betteln.«
»Du willst es nicht annehmen.«
»Nein. Aber ich will nicht betteln.«
»Wer redet denn so?«
»Was?«
»So redest du doch nicht.«

»Was?«
»Wer?«
»Was?«
»Wer bettelt?«
»Jeden Samstag.«
»Tom?«
»Ich hab' Hörer auf gehabt –«
»Liebster?«
»– seit ich acht war.«
Sie preßte ihre Hände auf ihre Augen.
»Samstags und an den Kasino-Abenden.«
»Sag's nicht.«
»Du kannst dir gar nicht vorstellen, wie sehr so ein Wohnwagen schaukelt.«
»Also das ist's?«
»Es läuft darauf hinaus.«
»An sowas hab' ich nicht gedacht.«
»Oh doch hast du das. Bikinis, weil's heiß werden könnte! Du hast das Gespür dafür, ich weiß!«
»Ich liebe dich.«
»Ich wünschte, du würdest damit aufhör'n.«
»Jetzt hör mir mal zu«, sagte Jan. »Zusammen sein: OK? Genau das mein' ich. Genau das ist neu, ist wichtig. Unser Schweigen. OK? Der Bikini war ein Fehler: Aber nur, weil ich's nich' verstanden hatte. Bestraf mich nicht für meine Unwissenheit. Bitte. Ich liebe dich doch.«
»Was nicht verstanden?«
»Bitte. Tom.«
»Verstanden, daß Intelligenz nich' das gleiche wie Eleganz ist? Verstanden, daß mehr von 'nem Wohnwagen an dir kleben bleibt als der Geruch von altem Bratfett? Du machst mich wahnsinnig! Du machst mich wahnsinnig!

Bikini!«
»Ich versuch', ehrlich zu sein. Ich hab's nicht verstanden! Es ist meine Schuld. Ich liebe dich. Ich liebe dich wie sonst nichts anderes.«
»Bikini!«
»Ich liebe dich!«
»Bikini!«
»Er verletzt dich zu sehr«, sagte Jan. »Ich werd' ihn ausziehen.«
»Hast du jetzt aufgeholt?« fragte Jan.
»Laß.«
»Ich wollt's nur wissen.«
»Ich kann nicht heulen.«
»Solltest du das?«
»Ich war in Gedanken.«
»Ja.«
»Es tut mir leid.«
»Du konntest doch nichts dagegen tun.«
»Nächstes Mal –«
Jetzt mußte Jan weinen. Tom hielt sie, küßte ihr Haar.
»Nächstes Mal«, sagte sie. »Ist das alles? Nächstes Mal –«
»Was soll ich denn tun?« fragte Tom. »Mach's besser –«
»Den Johnny. Gib mir den Johnny zu halten. Nur das. Und du hältst mich. Du konntest doch nichts dagegen tun.«
»Warum is' das 'n Johnny?«
»Bitte. Ich will den Johnny.«
»Ich hab' ihn nicht.«
»Ich will Johnny.«
»Geht nicht.«
»Weiß nich' warum's 'n Johnny ist. Es war schon immer einer. Bitte.«

»Ich hab' ihn nicht.«
»Und halt mich fest.«
»Ich hab' ihn nicht. Ich liebe dich, und ich hab' ihn nicht.«
»Zuhause gelassen? Warum?«
»Ich hab' ihn nicht.«
»Johnny.«
»Niemals mehr.«
»Wo?«
»Weißt du eigentlich, was es war?«
»Ein Johnny.«
»Was es wirklich war.«
Sie kauerten sich zusammen auf dem Geviert des Daches, auf dem Turm der Kirche.
»Halt mich fest.«
»Es war eine Axt. Glockenbecher-Kultur. Es war eine Votivaxt. Die beste, die je gefunden wurde.«
»›War‹?« sagte Jan. »Johnny ›war‹?«
»Es war kein Johnny. Es war ein Artefakt. Kein Spielzeug. Es war dreitausendfünfhundert Jahre alt, und die hat's überlebt. Früher oder später hätten wir's beim Herumschleppen bestimmt verloren.«
»Was hast du getan?«
»Sie ist da wo sie hingehört.«
»Wo?«
»Ich hab's dem Pfarrer erzählt. Er hat gewußt, was da zu tun ist. Sie ist im Britischen Museum. Du kannst hingehen und sie dir ankucken. Sie hat 'n Schildchen und alles.«
»Wir haben ihn gefunden.«
»Glücklicherweise. Es hätt' auch jeder X-Beliebige sein können. Irgend 'n Kerl.«
»Er gehört uns.«
»Nein. Die Verantwortung ist zu groß.«

»Ich hätt' ihn nie verloren.«
»Das weißt du nicht. Und dann sich immer damit abschleppen hinten aufm Fahrrad. Und der Wohnwagen. Meine Mutter hat sie schon mal in den Mülleimer geschmissen. Sowas ist kein Spielzeug.«
»Er gehört uns.«
»Nein.«
»Warum?«
»– ich hab' sie verkauft.«
»Du hast was?«
»Sie haben bezahlt. Das Geld für das Wochenende damals.«
»Achso?«
»Ja doch.«
»In einer Glasvitrine?«
»Du kannst dir's jederzeit ansehen.«
»Anfassen?«
»Natürlich nich'.«
»Was heißt ›Votiv‹?«
»Geweiht, irgendwie.«
»Aber das muß dir doch jemand gesagt haben«, sagte Jan.
»Du hast nichts davon gewußt: Nich' ohne daß man's dir gesagt hat.«
»Ich hab' sie hingeben müssen. Sie war zu wertvoll.«
»»Hingeben‹? ›Wertvoll‹?«
Jan ging zum Parapett und lehnte sich drüber.
»Komm zurück. Die Leute können dich sehen.«
»Ich wußte es. Ich ahnte sowas. Weggeschlossen: berühren verboten: ein Schildchen. 'ne Nummer draufgeschrieben: Ausziehtusche: 'n Katalog.«
»Komm her«, sagte Tom.
Sie bewegte sich langsam. »Das bist du«, sagte sie. »Ich

hab' alles auf dich gesetzt. Aber du verstehst überhaupt nichts. Du hast versucht, mir Schuldgefühle einzuimpfen. Dreck.«

»Es war doch für uns. Ich wollte nur das Beste.«

»Immer nur das Beste.«

»Jan –«

»Ich liebe dich«, sagte sie.

»Jan –«

»Tu irgendwas.«

Er legte seine Wange auf das heiße Blei. Er weinte mit schluchzendem Atem. Ihre Tränen rannen in ihr Haar. Ohne zu blinzeln sah sie in die Sonne.

»Ein Wellensittich«, sagte sie. »Mum und Dad waren auf einem Schulungskurs. Ich war sechs. Ich hab' die Straße weiter rauf bei Freunden übernachtet. Jeden Tag bin ich hingegangen ihn füttern und seinen Käfig saubermachen. Aber dann haben sie mir gesagt, er sei verschmachtet. 'n ulkiges Wort. In 'nem Salatsoßenkrug hab' ich ihn begraben. Armer Johnny. Als wir umzogen, mußt' ich ihn verlassen.«

»Ich hol' ihn zurück. Ich kauf ihn zurück.«

»Du weißt nicht, wo wir gewohnt haben.«

»Ich hol' ihn.«

»Warst du zu der Zeit auch wieder allein?« fragte sie. »Ich war's. Mir ist kalt.«

»Ich hol' ihn zurück.«

»Kannst du nicht.«

»Ich hab' nicht geseh'n wieviel er dir bedeutete.«

»Das is' was, was du nicht zurückholen kannst«, sagte Jan.

»Nächstes Mal –«

»Immer wird es nächstes Mal sein.«

Jan machte ihren Anorak zu. Im Dunkel der Treppe

konnte sie nicht fühlen, wie herum das Mauerwerk sich wölbte. Ihre Hand gab ihr die Illusion, das Mauerwerk würde sich umkehren, innen und außen. Die Stufen waren gefährliche Höhlungen. Sie mußte sich setzen. Ausgetreten von so vielen Füßen, in so langer Zeit, waren sie nicht mehr sicher.
Tom warf die Schlüssel in den Pfarrhaus-Briefkasten.
»Bring mich nie wieder dort hin«, sagte sie.
»In Ordnung.«
»Und red nicht.«
»In Ordnung.«
Sie hielten einander an der Sperre, wie sie sich außerhalb des Turms gehalten hatten.
»Ich liebe dich«, sagte Tom.
»Ja.«
»Hallo?«
»– hallo.«

»Was wirst du mit der Axt machen?« fragte sie.
»Ich weiß nich'.«
In der Nacht waren die Leichen weggebracht worden. Kein Blut war auf dem Berg. Nur eine Stange, zwischen Felsbrocken verkeilt, war übrig. Sie trug Logans Kopf.
»Er muß warten, bis die Raben ihr Mahl beendet haben«, sagte sie. »Er hat getötet.«
Macey sah unverwandt auf den Bergrücken und den Kopf, liebkoste dabei das Bündel an seiner Schulter.
»Ich hätte sie retten sollen. Es war meine Schuld. Alles.«
»Die Göttin hat ihnen Bilder gemalt, so tat es ihnen nicht weh. Sie wissen nichts.«

»Wissen nicht, daß sie tot sind.«
»Es ist nicht recht, unter Raben zu sein. Er war ein guter Mann.«
»Wenn ich sie nicht benutzt hätte – zum Töten.«
»Wärest du jetzt tot. Wir wären nicht hier. Ein Baby würde nicht geboren werden.«
»Ich bin nicht würdig. Ich habe benutzt, was nie benutzt wird. Gut oder schlecht, ich bin nicht würdig. Macey ist weg. Ich seh' das Blausilber wachen und schlafen, und das Rot.«
»Das ist wirklich. Kein Bild.«
»Sag's mir.«
»Es ist dein Gott und dein Weg. Du mußt es auf dich nehmen.«
»Werden die Katzen kommen?«
»Die Göttin hat das Mehl gemahlen, doch meine Hand hat auf dem Berge Tod gespendet. Ich darf nicht frei sein.«
»Ich werd' auf dich aufpassen.«
»Wir beide haben Verrat begangen. Das wird seinen Preis fordern.«
»Ich werd' da nich' schlau draus«, sagte er. »Und aus dir auch nich'.«
Sie packte ihn fester. »Versuch's erst gar nicht.«
»Face meinte immer«, sagte er, »und er wußte 'ne Menge, je mehr Worte die Leute für irgendwas haben, desto wichtiger ist ihnen was. Naja, wenn das stimmt, was er meinte, dann würd' ich am liebsten Grieche sein.«
»Warum?«
»Die hatten Worte. Haben immer noch. Für Gefühle.«
»Wir haben doch auch Worte, oder nicht?«
»Face meinte, Griechen hätten noch mehr Worte für das, was ich fühle. Römer nicht.«

»Zum Beispiel?«
»Naja, sowas wie: vernarrt; aber das is' nich' ausreichend. Und verlangend: Das klingt voreilig. Es hat keinen Zweck: Ich hab' die Worte nicht.«
»Du hast sie«, sagte sie, »aber du hast sie bisher nicht passend anwenden können. Wenn sie mich in Frieden lassen und uns nicht von einander trennen, werde ich dir Worte beibringen. Und auch jetzt schon gibt es Worte, die sie nicht töten können.«
»Warum grad ich? Löli, Einfaltspinsel, durchgedrehter Blausilber –«
»Römer haben die Worte nicht. Vergiß sie. Sie sind häßlich. Ich bring' sie dir bei. Und denk' dran: Egal, was passiert, es gibt eine Zukunft, die wir gemeinsam tragen.«
»Bin ich es?«
»Ja.«
»Bin ich es wirklich?«
»Ja.«
»Dann weiß ich, was ich machen muß.«

»Ihm is' nich' schlecht, hat nur Furcht.«
»Paß auf ihn auf«, sagte John. »Ich muß gehen.«
»Er konnte nichts dagegen tun.«
»Ich weiß.«
Margerys sanfte Finger lockerten Thomas' Kiefermuskeln. Sein Körper zuckte nach Atemluft. Er versuchte zu sprechen, aber sie ließ ihn nicht.
»Ruhig, Lieber.«
Thomas entspannte sich in ihren Armen. Wenn er seine Augen öffnete, schloß sie sie. Wenn er sich bewegte, beruhigte sie ihn, als litte er unter Alpträumen.

Sie hörte Geräusche auf dem Friedhof und den Widerhall von Leuten auf der Treppe, aber all' das war gemächlich und gedämpft. Thomas schlief ein wenig. Es war besser, wenn er schlief.
Die erste Warnung war der dumpfe Schlag eines Musketenkolbens gegen die Kirchentür. Thomas erwachte.
»John!«
»Ruhig. Is' ja schon gut.«
»Is' es nich'. Er weiß doch nich'. Ich muß ihm doch sagen.«
Nach dem Pochen an der Kirchentür wurde der Widerhall im Turm geschäftiger, unkontrollierter. Ihr eigener Körper wurde hart. Thomas stand auf und ging übers Dach. Eine Musketenkugel ließ die Krenelierung neben ihm splittern, und er fiel auf Hände und Knie nieder. Das Geräusch addierte sich zum Tempo auf der Treppe.
»Was mußt du ihm sagen?«
»Nicht alles Iren. Er. Mow Cop. Er ist da. Ich hab' ihn gesehen.«
»Thomas!«
Sie kroch auf allen Vieren hinter ihm ins Dunkel. Sie trafen auf Leute, die heraufkamen, Röcke und Beine, die in der Steinröhre nach oben schlurften.
Margery und Thomas wurden unerkannt beschimpft, aber sie konnten sich ihren Weg hinunter bahnen. Beruhigende Worte liefen die Kette entlang. »John –« »John –« »John wird für uns sorgen –« »John weiß, was geschehen muß –« »John weiß, was er vor hat –« »John –« »John –« »John –«.
Die Glöcknerstube war voll, hauptsächlich von Frauen mit Kleinkindern. Thomas ging weiter hinunter. Er erreichte die Kirche.
John war nicht leicht auszumachen. Der Pfarrer gab Be-

fehle, rangierte die Leute zur Treppe, verteilte die Männer taktisch über die Kirche. John war nur einer unter ihnen.
»John! Er is' hier! Venables!«
Es war, als ob die Kirche plötzlich in Gewalt entbrannte. Es gab keinen Beginn des Kampfes. Die Fenster zerbrachen und waren schwarz vor ungestümen Silhouetten. Der Klang von Schwertern und Musketen lag in der Luft. Eine Kuh sprang wie verrückt in dem Lärm umher, schlimmer als ein Bulle. Sie war die einzige Rettung vor den Iren. Sie stürmte bis zum Umfallen, und dann schnitt der Pfarrer andere los, die nacheinander durchdrehten, und er stieß mit Füßen nach den Hühnern; alles nur, um die Soldaten aufzuhalten, bis die Stiegentür frei war.
»Venables, John!«
Doch Margery zerrte ihn zurück, und die Männer drängten nach, rochen nach Furcht. Die Tür fiel zu. »Ich hab' sie verschlossen«, hörte man Johns Stimme. »Rauf mit euch, bevor sie schießen!« Zuerst schoben sie sich hinauf, einander helfend, aber zu viele stolperten. In der Glöcknerstube legten sie eine Pause ein.
»Wo ist der Pfarrer?«
»Ich werd' auf euch aufpassen«, sagte John.
Einige der Frauen schrien, aber ihre Nachbarn brachten sie mit leichten Schlägen zur Ruhe. John ließ zwei Männer zurück, die die Treppe unter der Stube halten sollten, und holte die Reihe der Verteidiger wieder ein, die zur Spitze des Turmes wollten. Furcht hatte sie beinahe zum Halten gebracht: Ihre Bewegung war richtungslos.
Und dann Rauch. Zuerst war es der beißende Geruch von Holz.
»Sie haben Kirchenbänke gegen die Tür gepackt!«
»Bleibt ruhig!« rief John.

Als die Tür durchbrannte, ächzte die Treppe wie ein Schornstein. Hitze fegte herauf, Luft wurde abgesaugt.
»Keine Panik!«
Die Soldaten legten feuchte und verfaulte Binsen aufs Feuer. Weniger Hitze stieg auf, aber der Rauch war dick wie Öl. Das Tageslicht zeigte sich bernsteingelb über ihren Köpfen, und sie stürzten zur Turmspitze. Auf einigen Stufen lagen Gefallene, aber jeder achtete nur darauf, nicht selbst zu fallen; endlich dem Rauch entkommen, verteilten sie sich übers Dach. Die ersten, die oben angekommen waren, hatten sich aufgerichtet und waren tot. Eine anhaltende Salve bestrich den Turm. Die Iren waren gedrillt.
»Venables!« sagte Thomas.
»Ja, ja.« John kauerte sich neben Dick Steele.
»Er ist sich sicher«, sagte Margery.
»Ein oder zwei in dem Haufen sind dabei«, sagte Dick Steele. »Die sind nich' irischer als ich. Die haben bei ihnen gekämpft, das ist alles.«
»Der größte Teil von denen kann doch jedem Schwein von hier bis nach Chester rüber als Hintern dienen«, sagte Randal Hassall. »Und 'n paar sind bei, die müßten schon die letzten zwölf Jahre lang gebaumelt haben.«
»Mein Vater mußte unten bleiben«, sagte John. »Die Tür zu schließen. Das hält sie etwas auf.«
»Gut.«
»Sie sitzen in den Büschen«, sagte Dick Steele, »und sind genug, unsere Köpfe unten zu halten, ohne langes Fackeln.«
»Was werden sie tun?« fragte John. »Sie können uns nicht ausräuchern. Sie können die Treppe nicht einnehmen.«
»Irgendwas werden sie tun. Sie wissen, was sie wollen.«
»Es ist Thomas Venables, John. Ich hab' ihn gesehen. Wirklich. Und er trägt meine Hosens.«

»Ruhig jetz'«, sagte Margery. »John hat zu tun.«
»Ich hab' mich meine Muskete verlor'n.«
»Macht nichts.«
»Ist er tot?«
»Ich hab' ihn nicht gesehen.«
»Habt ihr Mow Cop getötet?« rief Thomas. »Irgendjemand von euch?«
Die Leute sahen ihn an.
»Ich hab' Thomas Venables nicht gesehen«, sagte Dick Steele, »aber kann sein –«
»Komm her, Dick«, sagte John. »Ich muß nachdenken.«
»Du solltest lieber was tun, nich' nachdenken.«
»Warum immer nur Musketen?«
»Um unsere Köpfe unten zu halten.«
In der Glöcknerstube erhob sich wieder ein Kreischen.
»Leitern«, sagte Randal. »Das Dach lang und durchs Fenster. Sie haben die Glöcknerstube eingenommen.«
Die Schreie erstickten, als die Frauen versuchten, die Treppe hinaufzukommen.
»Helft ihnen!« sagte John.
Aber ein weiterer Schrei brachte ihn zum Halten. Ein Mann war von draußen über das Parapett gesprungen: und noch mehr folgten, benutzten ihre Schwerter.
Margery hielt Thomas fest. Nur Thomas Venables konnte die Kühnheit besessen haben, den Turm zu erstürmen: Er allein war stumpf genug, keine Furcht davor zu haben. Sie beobachtete sein Vorgehen und wie er die Leute zur Treppe trieb. Er war gekommen wie eine Krähe über ihrem Haupt. Er ging zum Parapett und gab ein Signal. Das Schießen hörte auf. Dann sah er Margery und Thomas in einer Ecke.
»Hallo Schnucki«, sagte er.

Mit bloßen Fäusten ging Thomas auf ihn los, aber Thomas Venables stieß ihn kopfüber die Treppe hinunter. Margery rannte ohne ein Wort an den Soldaten vorbei, in den Rauch hinein.

Zwei langsame Trupps trafen in der Dunkelheit aufeinander. Die Frauen, die mit ihren Babys nach oben wollten, und die Leute, die hinunter in den Turm getrieben wurden. Die Stufen waren weg. Kurzes Trampeln schon hatte sie geglättet, und der Erste, der das Gleichgewicht auf der nachgiebigen Steigung verlor, riß den Rest mit sich hinunter. Die Treppe war eine Folge von Körpern, die kurz vor dem Ersticken waren, bis oben hin.

Thomas Venables rief den Soldaten am Boden zu: »Ihr könnt das Feuer ausmachen, sie sind erledigt.«

Der Rauch verzog sich. Von unten zogen Hände, von oben stießen Füße. Die Masse fiel langsam den Turm hinab, hilflos im Dunkeln, wo es keinen Halt gab.

Die Toten und Erstickten wurden rausgeworfen. Der Rest wurde auf die Asche an der Tür gestoßen. Margery war nicht ohnmächtig geworden. Sie sah die Kirche und die Körper. Die Soldaten hatten begonnen, die Leichen beider Seiten zu plündern. Sie tastete nach Thomas, wünschte, daß er nahe war, wünschte, daß er nie geboren worden wäre, aber er streckte schon seine Hand nach ihr aus und hielt sie. Seine Stärke war beängstigend. »Hast du ihn bei dir?« fragte er.

»Bei mir?«

»Donnerkeil: Unterrock.«

Sie fühlte das Gewicht auf ihrer Brust.

»Ja.«

»Du hätt'st ihn ja auch irgendwie verlieren können.« Er lächelte. »Heh, Madge, das war 'ne Sache, was?«

Der Pfarrer stand draußen vor dem Turm. Mit ihm ein weiterer Mann, ein Offizier. Sie standen nebeneinander. Die Männer aus dem Dorf waren in einer Reihe gegen die Wand gestellt worden. John stand genau neben Dick Steele.
»Es gibt Hoffnung. Er ist ein Offizier, keiner vom Pöbel.«
»Pöbel hätte sowas auch nich' planen können«, sagte Dick.
»Was meinst du?«
»Zeit, die Schlorren senkrecht zu stellen.«
»Er ist ein Offizier. Er hat das Kleid meines Vaters respektiert.«
»Ein Saukerl«, sagte Dick. »Sieh dir seine Augen an. Er hat das Gespür dafür.«
»Mein Vater ist bei ihm.«
»Glaubst du, daß man ihm überhaupt die Wahl läßt?«
Der Offizier wartete, bis Thomas Venables und die Soldaten den Turm geräumt hatten. Sodann sprach er.
»Wer hat das Feuer auf meine Männer eröffnet, dem Frieden des Königs zuwider?«
»Was meint er bloß«, sagte Thomas.
»Schau nich' zum Pfarrer«, sagte Dick Steele, ohne seine Lippen zu bewegen.
»Der hier hat das Gesicht eines Schuftes«, sagte der Offizier. »Ich denke, es war der hier.« Er schritt hin zu Randal Hassall und schoß ihm mit einer Pistole in den Kopf.
»Bleib still«, sagte Dick Steele.
»Wir haben noch was zu erledigen«, sagte der Offizier.
»Die Damen sind davon nicht betroffen. Sie sind dabei nicht von Nöten.« Er wandte sich an den Pfarrer. »Und meine Leute, Sir, sind äußerst ungastlich empfangen worden.«

»In Gottes Namen!«

»Im Namen des Königs! Und ich werde jeden, der mich weiterhin aufhält, töten lassen, Sir.«

Zur Bewachung der Männer blieben fünf der zwanzig Soldaten zurück, die sich durch Zurufe Mut machten und sich beklagten: Aber jeder kam einmal an die Reihe, und ihr Ärger war ein Teil des Spiels.

»Sie sind Tölpel, Sir. Aber sie verdienen ihren Unterhalt, und man muß ihnen hin und wieder ihren Kopf lassen, oder ich fürchte, sie würden sich als unlenkbar erweisen.«

»Ich vergebe ihnen«, sagte der Pfarrer.

»Ihr seid zu gütig, Sir.«

»Und ich verfluche dich im Namen des Vaters, und des Sohnes, und des heiligen Geistes.«

»Amen.«

Es gab nicht viel Tumult und kaum etwas Lärm. Margery fiel in das nasse Gras, aber der Mann über ihr wurde weggerissen, und ein anderes Gesicht grinste sie an: Das Gesicht eines Soldaten, mit Streifen am Kinn, das grau war von den Bleigeschossen, die er im Mund gehalten hatte.

»Nein.«

»Na, Madge«, sagte Thomas Venables. »Wen würdste denn lieber? Is' lange her, Madge.«

Sie schaute zu Thomas hinüber, der hilflos an der Wand stand.

»Nein.«

»Madge.«

»Laß ihn nicht mein Gesicht sehen.«

»Bewacht die Frauen hier«, sagte der Offizier. »Durchsucht alles, ob sich noch jemand versteckt hält.«

»Ich liebe Thomas.«

»Ich werd' dran denken.«

»Nun zu der anderen Sache«, sagte der Offizier. »Ihr habt da von einem Vater und von einem Sohn gesprochen.« Der Pfarrer starrte ungerührt geradeaus. »Aha. Sowas dacht' ich mir schon.«
Der Offizier trat vor. »Ich habe einen Haftbefehl gegen John Jaeger, Verschwörer und Wegelagerer gegen den Frieden des Königs. Wo ist er?«
Niemand regte sich.
»Entkleidet sie.«
Aber nach dem Kampf und dem Gerangel auf der Treppe waren Rangunterschiede nicht mehr auszumachen.
»Ist dies Euer Sohn, Sir?« Der Offizier ging zu Jim Boughey.
»Er ist eines meiner Kinder.«
»Ist er Euer Sohn? Ist er John Jaeger?«
Es kam keine Antwort.
»Teufel auch, das ist ein schwaches Lüftchen«, sagte Jim Boughey. »Oder ich bin verzärtelt.«
Der Offizier nickte, und ein Soldat tötete Jim Boughey mit seinem Schwert.
»Du hast sein Alter sehen können!« rief der Pfarrer.
»Ihr schreibt die Regeln vor, Sir. Welcher ist John Jaeger?«
Niemand regte sich oder sprach.
Der Pfarrer legte seine Amtstracht ab.
»Was macht Ihr da?«
»Mir scheint, heut' tragen nur Bestien Kleider.«
»Wie Ihr wollt, Sir. Wer ist John Jaeger? Ich sehe, es gibt hier die Wahl zwischen mehreren Gasthäusern.« Er winkte einem Soldaten. »Stabsquartiere.«
»Jawoll.«
»Und das Trinken kommt erst später. Ich laß euch erschießen, wenn ihr vorgreift.«

»Jawoll.«
»Also dann.« Der Mann neben Jim Boughey wurde getötet. »War das John Jaeger?«
»Nein«, sagte John.
»Das war eine schlaue Bemerkung, meint Ihr nicht auch, Sir? Eine hübsche Demonstration meiner mißlichen Lage.«
»Er wird den ganzen Haufen umlegen«, sagte Thomas Venables. Er hielt noch immer Margery umarmt, als wollte er einen Anspruch auf sie anmelden. »Einer der beiden wird sie umlegen.«
»Wer?«
»Unser Major oder der junge Jaeger. Was will er bloß? Er kann ja doch nich' entkommen.«
Ein weiterer Mann starb.
»War das John Jaeger?« fragte der Offizier. »Los, Sir, Ihr kennt ihn. Wollt Ihr zusehen, wie alle Eure Lämmer dahingeschlachtet werden?«
»Mein Sohn hat sein eigenes Gewissen.«
»Nun gut: Laßt ihn ruhig das Grab für euch alle schaufeln.«
»Was richtest du an, John?« rief Margery in den Himmel.
»Er wird nicht aufhören.«
»Folg' deinem Gewissen und dem Willen Gottes«, sagte der Pfarrer.
Der Major nickte. Wieder begannen Frauen zu schreien.
»John Jaeger«, sagte der Major, »tritt vor.«
Geschlossen rückte die Reihe der Männer von der Wand ab. Einige wurden von ihren Nachbarn nach vorne geschoben.
»Ich begreife«, sagte der Major und nickte.
Der Pfarrer sprach mit undurchdringlichem Gesicht.

»Was willst du damit beweisen, John? Ein Märtyrer in Christi steht für sich selbst ein. Warum läßt du andre für dich antworten?«
»Wir haben unendlich viel von ihm gehalten«, rief Margery. »Er stand uns bei.«
»Er steht jetzt unter euch«, sagte der Major. »Auf eure Kosten.«
»Ich weiß, wer er ist«, sagte Margery.
»Halt die Klappe«, sagte Thomas Venables.
»Sorg dafür, daß deine Dame sich ruhig verhält, Soldat.«
»Jawoll. Bitte reden zu dürfen, Sir.«
»Abgelehnt.«
»Er wird Thomas töten –«, sagte Margery.
»Jaeger ist's, der ihn töten wird«, sagte Thomas Venables.
Dick Steele trat vor. »Ich bin John Jaeger.«
»Besten Dank«, sagte der Major und erschoß ihn. »Also los, wer ist John Jaeger?«
Margery versuchte zu kreischen, aber Thomas Venables erstickte den Schrei.
»Du bist ein ordinierter Diener Gottes«, schrie der Pfarrer, »du hast zu dienen, nicht zu kommandieren!«
Der Major wartete.
»Eine äußerst kraftvolle, halsstarrige und unmäßige Natur, Sir.«
»Er ist verrückt«, sagte der Pfarrer. »Er war schon als Kind so. Hat sich von der Liebe der anderen genährt.«
»Ihr haßt ihn, Sir.«
»Haß ist Liebe«, sagte der Pfarrer. Laut und deutlich sprach er die Männer an. »Ihr habt ihm vertraut, daß er euch befreien würde. Er hat es nicht getan. Ihr sterbt für ihn und nur für ihn. John! Tritt hervor. Sofort. Im Namen Gottes und in deinem eignen.«

Nichts geschah.
Der Pfarrer ging zu den Männern und legte seine Hand auf Johns Schulter. »Dies ist mein Sohn. Ich taufte ihn auf den Namen John.«
»Bist du John Jaeger?« fragte der Major.
»Ich bin's und alles was du willst.« John sprach im breiten Dialekt. »Frohe Weihnachten, Herr Pfarrer.«
»Bastard!« sagte Thomas Venables. Er stieß Margery zur Seite und lief zur Reihe der Männer. »Aus dem Weg«, sagte er zum Major. Der Major trat zurück. Thomas Venables durchbohrte mit einem Schwert dreimal John Jaeger.
»Du hast gewartet, bis ich sowieso an der Reihe war, Vater«, sagte John. »Ich werd' nich' vergessen sein.«
»Das war mit Sorgfalt ausgeführt, Soldat«, sagte der Major, »und mit Geschick. Du weißt, wo der Schmerz liegt.«
»Er hat mich einmal in die Nesseln gestoßen. Um zu sehen, wie's is'. Immer jemand anders. Niemals er.«
Johns Rücken hinterließ Spuren auf dem Mauerwerk, als er umfiel. Er blickte zum Pfarrer. »Ich hab' dich noch übertroffen.«
Die Soldaten mußten ihre Musketen benutzen, um die Männer in der Reihe zu halten.
»John Jaeger, Bakkalaureus der Philosophie, neunzehn Jahre an Alter'«, las der Major aus dem Haftbefehl. »Ein äußerst vielversprechender junger Mann, Sir. Die Gesichtsähnlichkeit mit Euch war hervorstechend. Ihr könnt jetzt die andern töten«, sagte er zu den Soldaten. »Je eher ihr's hinter euch habt, desto schneller könnt ihr euch im Dorf amüsieren.«
»Warum?« sagte der Pfarrer. »Doch niemand weiter.«
Der Major schien überrascht zu sein. »Aber hier gibt's

doch noch jene, die Euren Sohn nicht verraten wollten. Sie könnten gefährlich sein, sie könnten was wissen. Doch ich bin ein zivilisierter Mann, Sir. Ich mach' mir nichts aus Folter. Sie führt zu nichts. Bedenkt: Wenn ich diese Burschen foltere, sagen sie mir – vielleicht! – was ich hören will: Aber wird es wahr sein? Wenn sie freiwillig, ohne Folter, damit rausrücken, dann sind sie Feiglinge, und ich würd' ihnen nicht trauen. Wenn sie aber nicht reden, wie soll ich dann ihre Gedanken erfahren? Ihr seht mein Dilemma. Nein, Sir, es ist herausgeworfene Zeit, sich mit ihnen abzugeben. Sie müssen getötet werden. Das ist die beste Möglichkeit, mit solcher Art Leute zu verfahren; denn Gnade ihnen gegenüber ist Grausamkeit.«
Das Töten begann.
»Mit den Frauen will ich keine Schwierigkeiten haben«, befahl der Major.
Thomas fühlte nichts, bis er Thomas Venables mit blutigem Schwert vor sich sah. Er öffnete seinen Mund.
»Bleib' ruhig«, flüsterte Thomas Venables. »Du bist heut' schon mal auf mich losgegangen.«
»Ich –«
»Du wirst's überstehen. Beweg dich nich'. Aber denk' dran: Wenn du dich hinterher nicht um sie kümmerst, würd' ich sogar aus der Hölle kommen, um dir's genauso wie dem Jaeger zu geben.«
Thomas betrachtete den Mann. Es war ein brutaler Mensch, der brutal gemacht worden war. Nichts an ihm war sauber, außer seinen Waffen. Sie glänzten trotz des Gebrauchs. Seine Hände und seine Augen waren gepanzert. Was immer sie anfingen, sie würden's zu Ende bringen. Er mußte ihnen vertrauen, mußte ihre Geschicklichkeit erfahren.

»Fertig?«
»Mach schnell. Ich kann's Zittern nich' unterdrücken.«
»Guter Kerl.«
Thomas Venables holte aus und trieb ihm sein Schwert durch die Rippen, mit dem Hieb eines Schlächters, dicht am Herzen vorbei, rein und raus, einmal, und weiter beim nächsten Mann, aber mit weniger Sorgfalt, und zum nächsten.
Der Pfarrer hob segnend seine Hände. »Die Himmel erzählen die Ehre Gottes, und die Veste verkündiget seiner Hände Werk. Ein Tag sagt es dem andern, und eine Nacht thut es kund der andern. Herr, in Frieden läßest du deine Knechte nun dahin gehen: ganz nach deinem Wort.«
»Er ist nicht tot«, sagte Thomas Venables zu Margery. »Er hat's ausgehalten. Zieh Leine, Kamerad«, sagte er zu einem Soldaten, »die gehört mir. Also, ich kann dich mit ihm zusammen hier rausbringen, aber danach müßt ihr selber klarkommen. In Ordnung?«
Er nahm Margery auf und trug sie über die Wulvarn zu ihrem Haus. Wie sie drinnen waren, schloß er die Tür.
»Hör zu. Ich organisier' 'n Packesel. Die Nacht is' nich' mehr als 'ne Meile weg. Das ist die einzige Chance, die ihr habt. Und er wird draufgehen, wenn er noch länger da rumliegt, so oder so. Pack zusammen, was du brauchst. Kein' Fatz mehr.«
»Thomas –«
Er warf die Tür zu.
Margery sah sich um zwischen den Inhalten ihres Lebens. Dann setzte sie sich in Bewegung. Decken. Kräuter. Speck. Der Donnerkeil in dem Unterrock.
Thomas Venables kam zurück. »Nimm wenig mit. Wo wir hingehen ist allzuviel gefährlich. Los, Madge, schick dich.«

»Ich bin fertig.«
Er hob ihr Päckchen an.
»Ist das alles?«
»Alles was zählt.«

»Tom –«
»Wenn ich mich am –«
»Laß –«
»– ekelhaftesten benehme, streng' ich mich am meisten an. Nächstes Mal –«
»Bitte red nich' weiter.«
»Ja, gut.«
»Bitte. Der Zug ist schon da.«
»Ja. Hallo.«
»Hallo.«

Macey wartete, bis ihre Atemzüge regelmäßig und tief kamen. Er zwang sich, noch etwas länger zu warten, hielt die Axt in ihrem Fetzen dicht bei sich. Dann verließ er die Hütte. Der Berg drehte sich unter der Himmelsmühle. Er ging hinunter zur Grenze und überquerte sie. Nichts geschah. Er hörte nichts. Vom Buschwerk bis zum Wald. Zwischen den Eichen herrschte Dunkelheit, aber er fand seinen Weg mit Orions Hilfe und der der Weißen Straße über sich.
Nach einer Weile, im Wald, mußte er stehen bleiben: Der Schrecken in ihm wurde zu groß. Aber er bekämpfte ihn, denn er sah keine blauen und silbernen Wahrheiten, nur

die Äste. Und doch hatte er eine Eskorte: Er fühlte es. Er ging gemessen und rannte nicht. Sein Weg war eine Prozession für das in Fetzen gewickelte Ding unter seinem Arm; er würde nicht an seiner Furcht zerbrechen, obwohl die Furcht ihn begleitete, bis die Bäume sich am Hügel von Barthomley lichteten.
Das Niedergebrannte war geblieben. Sie hatten nichts wieder aufgebaut. Er ging weiter zu dem langgestreckten Hügel. Sein Fuß wölbte sich.

SCHON JETZT ROCH ER nach Brandy. Sie fanden Thomas inmitten der verstreuten Gestalten am Turm. Er war am Leben und hatte kein Blut verloren. Sie zogen ihm Kleidung über und hoben ihn auf den Maulesel. Er gab ein Stöhnen von sich, war aber ohne Bewußtsein.
»Wird er durchkommen?« fragte Margery.
»Er wird's müssen. Bleib dicht bei ihm: Laß ihn nich' runterfallen. Achte auf seinen Mund: Wenn ihm was rausläuft, sag's mir. Und denk dran: Ich bring' jeden um, wo uns sieht, und jeden, den wir treffen, egal wer's is'.«
»Wo ziehen wir hin?«
»Halt die Goschen.«
Er führte das Maultier durchs Dorf. In jedem Haus war Lärm. Es hatte begonnen.
Sie überquerten die Straße nach Sandbach, hielten sich an den Wald. Er trank Brandy aus der Flasche, die ihm über die Schulter hing. Der Schweiß und die Furcht und das Licht lagen hinter ihnen. Sie gingen in ein sicheres Dunkel hinein.
Beim Trinken sprach er manchmal, aber Margery hörte

nur zu. Er war am Erzählen und brauchte keine Antworten.
»Wenn er leben bleibt, dann sieh nach ihm. Er hat heute ausgehalten, was du nur aushalten kannst. Er stand still. Ich hätt's nich' gebracht. Nach all' dem. Kann aber nich' sagen, ob er leben bleibt.«
Sie durchwateten einen Fluß. Die Sterne leuchteten klar, und die Milchstraße überspannte das Tal. Er sah hinauf ins Weiße. »Da ziehen heute ein paar nach Hause, den Kuh Damm hinunter. 's werden noch mehr werden. Schätze, muß ganz schön kalt da oben sein.« Und wieder in den Wald hinein.

»Ich färbe, ich färbe meinen Unterrock rot,
für den Bursch', den ich liebe, back' ich mein Brot,
und dann wünscht mein Daddy, daß ich besser wär' tot;
schön Willy am Morgen verborgen im Schilf!
Shoorly, shoorly shoogang rowl,
Shoo gang lollymog, shoogergangalo,
Schön Willy am Morgen verborgen im Schilf!

Wie, Madge? Erinnerste dich?«
Sein Gang war unsicher, aber er kannte den Weg.
»Ich find' nie die richtigen Worte, außer wenn ich 'n paar Bier intus habe. Aber hör mal, Madge. Wo wir jetz' hin geh'n. Das is' nur für so lange, wie er sich zurechtflicken muß. Aber ich hab' so Zweifel, daß es da lange sicher sein wird. Wenn er wieder zusammengeflickt is', dann schaff ihn rauf nach Mow Cop. Geh hin zu meine Mutter. Die greift euch unter die Arme. Durchschlagen müßt ihr euch schon selbst, aber sie wird bei den andern 'n gutes Wort für euch einlegen. Sie sind 'n Haufen, der zusammenhält, und wenn's Schwierigkeiten gibt, könnt ihr's von dort aus se-

hen. Nich' von hier unten. Geht hin zu meine Mutter.«
Das Gelände wandelte sich, gab den Blick frei auf Silberbirken. Es war feucht, und ein kalter Wind blies. Margery wickelte Thomas ein, so gut sie konnte.
»Wo sind wir?«
»Maulhaltn.« Er trank übermäßig.
»Wo?«
»Rudheath.«
»O Gott –«
»Aber ich hab' so Zweifel, daß es bleiben wird.«
»Es ist ein furchtbarer Ort.«
»Schon mal da gewesen?«
»Ich hab' von gehört.«
»Mein bevorzugter Ort.«
»Wie soll'n wir uns hier behaupten?«
»Keine Ahnung wie.«
»Und warum hier?«
»Der Platz is' uns gegeben worden.«
»Wem?«
»Venables.«
»Aber er gehört niemandem.«
»Und deswegen den Venables. Meinem Großvater, oder irgendsowas, weiß nich' genau. Auf jeden Fall, er hat 'n Drachen erschlagen, sagte man, und da hat man ihm den Platz gegeben, wo's passiert is'. Auch nur, weil er für Rindviecher geeignet is'. Das sind die Venables.«
Er band den Maulesel an.
»Wart hier.«
Er blieb weniger als eine Stunde weg. Als er zurückkam, ließ er einen Körper von seiner Schulter gleiten. »Der kann später in 'n Fluß. Komm mit.«
»Wer –?«

»Keine Ahnung.«

Er führte den Maulesel tiefer in den Birkenwald. Der ganze Boden war sauer. Schließlich kamen sie an Zelten und Baracken, Buden und Unterständen aus Zweigen und Ästen vorbei. Es war ein ruhiger Platz.

Bei einem Zelt hielt er an. Drinnen war eine Kerze angezündet und ein Feuer brannte. Lumpen stellten ein Bett auf dem sandigen Fußboden vor. Nichts weiter.

»Wem gehört es?«

»Euch. Du hast grad den Kerl getroffen, wo's euch gegeben hat.«

Er trug Thomas hinein und stützte ihn gegen die Zeltstangen.

»Hier is' 'ne Flasche Schnaps, die ich aufgehoben hab'. Ihr werdet sie brauchen. Heb' was von auf, falls die Wunde schlimmer wird. Er kann auch bald Fieber kriegen. Aber schaff ihn zu meine Mutter, wenn er wieder gesund is'. Bleib ja nich' hier.«

Er verließ das Zelt.

Sie betupfte das Loch in Thomas' Brust mit Brandy und wickelte den Unterrock drum herum. Der Donnerkeil lag kühl in ihrer Hand. Sie legte ihn neben die Wunde und ging hinaus.

Die Luft war klar, und die Buden standen ruhig im Sternenlicht. Kein Ton war zu hören. Totale Stille.

Er war neben dem Maulesel und trank. Sie ging zu ihm.

»Ich will keinen Dank«, sagte er. »Ich krieg keinen Dank.«

»Tom.«

»Du bleibst bei ihm. Ich hab' mich nich' verändert, und du würd'st mich auch nich' verändern.«

»Ich weiß.«

»Ich muß zurück zu den Burschen. Geh' sonst leer aus.«
»Ja.«
»Und du denkst dran.«
»Ich fühl' mich sicher hier.«
»Bist du aber nich'.«
»Nach dem Tag heute. Dem Licht. Kein Lärm.«
»Du verschwindest hier. Du hast mich verstanden, Madge.«
»Es ist ein Heiligtum, sagt man.«
»Das is' 'n Grab auch.«
»Was sollte mir –«
»Ich zeig' dir, was hier passieren kann.« Er zog sie ins Zelt. Er war betrunken. Er nahm sein Schwert und klatschte mit der flachen Seite der Klinge gegen sein Bein, kreischte dabei wie eine Frau. Die Kerze wirbelte Schatten herum, und der Lärm war scharf wie Barthomley. Dann hielt er inne.
»Und jetz' guck raus.«
Die Buden standen immer noch friedvoll da, das Licht kam immer noch mild von den Sternen. Niemand bewegte sich. Niemand sprach. Kein Klang war zu hören.
»Das is' das Heiligtum. Du bist alleine, wie du's nie wieder sein wirst. Das sind Venables, Madge. Sie wollen von nichts wissen. Also denk dran.«
»Das will ich.«
»Wir werden uns wohl nich' wieder sehen, schätz' ich.«
»Nein.«
»Mach's gut, Madge.«
»Mach's gut.«

»Hallo.«
»Hallo.«
Er fuhr langsam mit den Fahrrädern. In der Dunkelheit brach das Neonlicht von Crewe sternartig in seine Augen. Der Verlust in seinem Inneren war zu groß. Alles was er erreicht hatte, war nun vertan.
Er kam nach Sandbach. Die Schaufenster der Geschäfte stellten das Unerschwingliche aus: kleiner als Warenhäuser, und deswegen auch schlimmer. Er stellte die Fahrräder vor einem Schnapsladen ab. Er überquerte die Straße zu der Bushaltestelle und zum Parkplatz, scharrte mit den Füßen über den Boden und hob einen Brocken Klinkerstein auf. Er ging zurück zum Schnapsladen, seine Tränen trockneten kalt, er stand vor dem Fenster. Er kalkulierte die Spannung ein. Die Mitte.
Das Fenster fiel in sich zusammen wie eine Guillotine. Er langte über die Bruchkante hinweg und nahm sich eine Flasche Whisky, ließ sie ohne Eile in seinen Anorak rutschen und fuhr davon. Niemand schien sich darum zu kümmern.
In Rudheath schaukelte der Wohnwagen, als er hineinging, und ließ die Bäume wirbeln.
»'n schönen Tag gehabt?« fragte sein Vater.
»Hab' euch 'n Geschenk mitgebracht. Für euch beide.« Er gab seinen Eltern den Whisky.
»Na holla, wie kommt denn das?«
»Ich spiel' Bingo. Man kann nich' ständig verlieren.«
»Da soll doch der Donner –«
Seine Mutter nahm zwei Gläser aus dem Cocktail-Schränkchen. »Bist du sicher, daß du's gewonnen hast?«
»Nein, ich hab's gestohlen.«
»Sei nich' albern.«

»Warum kann's denn kein Geschenk sein? Nehmt's von mir. Und trinkt.«
»In dir kann ich wie in 'nem Buch lesen.« Sie goß sich ihr Quantum ein.
»Man sollte mich besser übersetzen.«
»Du kannst 'ne Anzeige kriegen, wenn du immer mit zwei Rädern fährst«, sagte sein Vater. »Das Zeug is' 'n guter Tropfen.«
»Ihr seid beide unheimlich nett zu mir.«
Er ging zu seinem Bett und setzte die Hörer auf, um ›Quer rüber‹ abzuspielen. Im Inneren seines Kopfes schwang die Gitarre hin und her. Schlagzeug und Baß waren bereit, sich von der Gitarre leiten zu lassen, entrissen ihr Akkorde, glänzend wie Augen, aber der Mann konnte das noch nicht bringen, was er hörte.

»Macht den Weg frei. Ich will hier lang.
Ich bin der Mann der Geschenke und Gaben –«

»Du Bastard«, hatte sie heute gesagt.
»Kein Glück damit.« Er hatte versucht, die Beschimpfung zu überdecken. »Ich hab' immer gedacht, ich wär' der zweite bekannt gewordene Fall von Parthenogenese.«

»– doch schön ist der Morgen, grün das Schilf,
und wenn ich
quer rüber lauf',
bin ich wirklich
bald da.«

Die einfältigen Worte und die von ihnen verführte Musik zogen durch ihn hindurch.

»Die Sterne haben sich jetzt verändert.
Ich konnte sie nicht zurückholen –«

»Du brauchst Hilfe. Mum und Dad sagen, du mußt es los werden.«
»Was denn, soll ich's in den Anrufbeantworter sprechen? ›Hallo, Kassetten-Beichtvater, hier spricht Tom.‹«
»Es ist nun mal ihr Job.«
»Unsre Liebe?«
»Es gibt 'ne Grenze der Entwürdigung.«
»Entjungferung?«
»Du solltest es wirklich.«
»Lieb' ist nicht Liebe, so sie sich ändert, wenn eine Änderung eintritt. Erinnerst du dich?«

»– und wenn ich
quer rüber lauf,
bin ich wirklich
bald da.
Schön ist der Morgen, grün ist das Schilf,
und all' meine Liebe weit, weit weg.
Die Sterne haben sich verändert, und
wenn ich
quer rüber lauf',
bin ich wirklich
bald da.«

Sobald er den Text hinter sich hatte, versuchte der Mann, auch die Musik frei strömen zu lassen. Es war enorm. Am Ende vermochte die Menge nicht mehr zuzuhören, und ihre Ovationen erstickten beinahe seine Entschuldigung an den Baß: »Ich hab's nich' gebracht.« Aber er hatte es. Er hatte es.
»Gib's auf, eingeschnappt zu sein«, sagte seine Mutter.
Er betrachtete sie.
»Zwecklos, daß du so tust als ob.« Sie hatte eine Art Ge-

ziertheit an sich, die vom Alkohol kam: Und sie war so alt.
»Ich seh's doch, daß du dem Kasten da nich' zuhörst. Ich bin nich' so dämlich wie du denkst.«
Er schaute dort hin, wo sie hinschaute. Das Kabel von seinem Hörer war nicht in den Rekorder eingestöpselt.

Er ging bis zum Ende des Hügels über der Wulvarn. Das war immer der geheiligte Platz. Er hatte nur seine Hände und ein Messer, aber er grub. Er grub, so weit er konnte, die ganze Länge seines Arms in den Boden hinein. Dann nahm er die Axt. »Das ist alles, was ich tun kann. Und nirgendwo sonst. Ich bin nicht würdig.« Er küßte den kalten Stein und wickelte ihn fest ein und legte das Gewicht in die Erde hinein und füllte das Loch und bedeckte es.
Neben ihm auf dem Hügel gab es eine Bewegung. Sie war es, die ihm zuschaute. Sie saß auf dem Maulesel und hatte ihm schon die ganze Zeit über zugeschaut.
Er hob sie hinunter.
»Halt mich fest«, sagte er.
»Deswegen bin ich hier.«
»Halt mich. Ich bin nicht würdig.«
»Brauchst du auch nicht zu sein«, sagte sie. »Nicht jetzt.«
»Blausilber ist nahe.«
»Ich bin hier.«

Sie benetzte seine Lippen mit Brandy. Er war bei Bewußtsein.
»Es tut weh, Madge,«

»Lehn dich gegen die Stange. Du wirst gesund werden.«
»Was is' das für 'n Pfosten? Und dieser Zaun?«
»Mach dir keine Sorgen: Du wirst gesund werden.«
»John is' nach Chester gegangen. Hat die Boote gesehen. Er sagt, da sind Wellen, wenn man an der See ist.«
»Ja, Liebster.«
»Er sagt, sie machen Lärm, der kommt und geht. Sind wir an der See?«
»Ja, Thomas.«
»Ich kann sie hören. Und diese Lichter, die ganze Zeit über.«
»Ja.« Sie sah das dunkle Zelt, die eine Kerze.
»Teufel auch, die verschieben sich gar nich' schlecht. Gelb, wenn sie kommen, und Rot, wenn sie gehen. John hat mir nie gesagt, daß Wellen Lichter haben. Teufel auch, die hauen einen ganz schön um. Es tut weh, Madge.«
»Nimm 'nen Schluck.«
»Er is' ziemlich verschwiegen, daß er das mit den Lichtern nich' gesagt hat.«
»Hm-m.«
»Warum sitzen wir hier draußen, gegen diesen Zaun gelehnt?«
»Ich weiß nicht, Liebster.«

»Du HAST DEINEN ELTERN von mir erzählt. Das ist schlimmer als Briefe lesen.«
Er stand unter dem Bogen der Burg und betrachtete ganz Cheshire.
»Ich mußte es. Ich komm' nich' mit klar.«

»Also bin ich nichts weiter als 'n Patient. 'ne Nummer in 'ner Akte.«
»Es ist ihr Job.«
»Du hast ihnen erzählt, was passiert war. Du hast ihnen von uns erzählt. Du hast ihnen erzählt – über uns. Du hast ihnen –«
»Sie haben's verstanden.«
»Ohne Zweifel gibt's da 'n Hinweis in 'nem Lehrbuch, der alles heilt.«
»Jeder Fall ist anders.«
»Also ich bin ein Fall!«
»Ich muß dich als solcher ansehen, oder ich könnt' nich' weiter machen.«
»Ihr habt eure Ansichten ausgetauscht.«
»Es war nur am Telefon.«
»Ihr müßt 'n Gemüt haben wie Jauchegruben.«
»Wie was? Also nu' hör mal zu! Wer war denn aufgebracht, als seine Eltern nich' drüber reden konnten, als es nicht wahr war? Jetz' is' es wahr, und meine Eltern können's, und zwar ohne Vorwürfe. Mach uns doch nicht zur Jauchegrube, mein Lieber. Mach dir doch selber nichts vor. Ich bin diejenige, die es aushalten muß, und ich weiß nicht, was ich machen soll. Du hast mir immer so viel gegeben, oh, es war wunderbar, mit dir zusammen zu sein, alles neu und wohltuend, als wenn man zum ersten Mal Farben sieht. Und jetzt gibt's immer nur das Eine, und ich weiß nicht, was ich machen soll. Überall wo wir hingehen, kann ich nicht mehr hingehen. Kein Gespräch, kein Spaß, nur noch Grapschen. Warum?«
»Aufholen«, sagte er. »Auslöschen. Meine Fehler. Meine Plumpheit. Nächstes Mal wird alles gut sein, jedes Mal, und dann is' es doch nich'. Nächstes Mal wird es ihn ein-

holen – und mich. Niemals. Pochierte Eier. Galaktisch. Rotverschiebung. Je weiter sie kommen, desto schneller verschwinden sie. Der Himmel leert sich. Gott, ist das ein kalter Wind.«

Er zog sie in die Burg. Der Wind ließ kaum nach; er machte Wellen auf dem Schlamm und dem Wasser, das den Boden bedeckte. Er drückte sie gegen die Wand.

»Nicht hier. Und nicht so. Nicht hier. Ich halt's nich' aus.«

»Ich auch nicht«, sagte er. »Ich auch nicht, ich auch nicht, ich auch nicht, ich auch nicht –«

»Tom! Ich bin's!«

»Es ist Samstagabend. Laß dich doch nich' von Worten verdummen. Du bist nur einmal jung.«

Sie weinte. »Keine Kirche – kein Haus – kein Johnny –«

»Maulhaltn.«

»Kein Tom?«

»Ich bin kalt. Ich bin kalt.«

Sie bedeckte ihr Gesicht mit ihren Händen.

»Die Grenze ist nich' festgelegt«, sagte er.

»Ich wünschte, ich könnt' mich übergeben. Ich wünscht's wirklich.«

»Und damit also nichts weiter von Tom.«

»Lieber würd' ich mich von dir schlagen lassen.«

»Es ist kalt.«

»Kalt genug, um die Wärme deiner Hand zu fühlen«, sagte sie.

»Deine Hand riecht nach Thymian. Ich liebe dich.«

»Das Gefühl kennst du überhaupt nicht. Nur die Worte.«

»Natürlich liebe ich dich.«

»Du hast den Johnny verkauft. Du hast verkauft, was mir fehlte. Und du hast das gewußt.«

»Nu' laß mal die Kirche im Dorf, Schwester. Der Nachttopp is' halb leer, nicht halb voll. Die Axt war nichts weiter als 'n Klumpen Diorit.«
»Und was heißt das?«
»Ein dichter, intrusiver –«
»Jetz' halt den Mund!« Sie trat zurück und sprach mit sehr ruhiger Stimme. »Es würde jetzt bitte gehen. Es fühlt sich miserabel. Es hat genug. Es muß seinen Zug kriegen.«
»Das einz'ge Lied, das er je hat gekannt, ihm über Berge und Hügel entschwand.« Er begann, im Inneren der Burg, der künstlichen Ruine, des leeren Mauerwerks emporzuklettern.
»Tom?«
Er kletterte.
»Benimm dich, verdammt nochmal, nich' so dramatisch!«
Auf der Spitze stand er aufrecht, ruckartig, balancierte in der Luft über Mauer und Klippe.
»Mir machst du keine Angst!«
Er breitete seine Arme aus und hob den Kopf gen Himmel.
»Durch spitzen Weißdorn bläst der Wind«, rief er. »Wer gibt dem armen Tom etwas? Tom ist kalt. Gott schütze dich vor Wirbelwind, bösen Sternen und Ansteckung!«
»Hör auf! Du bestehst ja nur aus Zitaten! Jedes Bißchen! Und mich nennst du aus zweiter Hand!«
»Der Pillhahn saß auf dem Pillhahnsberg. Halloh, halloh, loh, loh!«
»Nich' zwei zusammenhängende Worte kannst du rausbringen, die von dir wären. Immer nur Gefühle, die andre schon hatten! Andre Leute müssen in die Hölle runter, um für dich Worte zu finden. Du bist feuerfest!«
»Hüte dich vor dem bösen Feind. Gehorche deinen Eltern; halte dein Wort rechtschaffen; fluche nicht; vergehe

dich nicht an deines Nächsten angetrautem Weibe; häng dein liebes Herze nicht an eitlen Flitterstaat. Tom ist kalt.«
»Tom!«
»Arm' Tom ist kalt.«
»Bitte, Tom –«
»Tom ist kalt!«
»Bitte –«
Er nahm sämtliche Medaillen der Familie und die zwei deutschen eisernen Kreuze aus seiner Anoraktasche und heftete sie an seine Brust.
»Bitte –«
»Kein Wort, kein Wort: ruhig. Jung Rowland zum dunklen Turme kam. Sein Wort war leis'.«
»Axt is' weg. Macey is' weg. Ich allein kann Blausilber nich' seh'n.«
»Ich bin hier«, sagte sie.
»Ich hatte unrecht.«
»Jetzt bist du in die Wirklichkeit zurückgekehrt.«
»Wirklich?«
»Schweigen vergibt.«
»Uns?«
»Schau.«
Der Wald glitzerte von abziehenden Waffen. In aller Stille waren sie allein. Er hielt sie.
»Ich werd' aufpassen«, sagte er. »Blausilberne. Es könnte wichtig sein.«
»Das kann sein.«
»Meinst du?«
Er fühlte, wie sich das Kind bewegte.
»Und ich bin hier.«
»Ich hab' jetzt Worte gefunden«, sagte er. »Für das, was ich dir sagen wollte. Oh, ich weiß – ich weiß – so viele!«

»Warum hast du die Medaillen mitgebracht?«
»Die Knechte werden älter.«
»Wozu trägst du sie?«
»Für beide Seiten. Für ihn und für mich.«
»Hätt'st du sie nich' besser abgemacht? Die Leute werden sich drüber aufregen.«
»Verstehst du nicht.« An der Sperre zeigte er seine Bahnsteigkarte. »Heute morgen gekauft. Schien mir am besten.«
»Das sind aber muntere Lichter.«
»Ja, nich' wahr?« Sie gab ihm vom Brandy.
»Mir ist kalt.« Auf seinem Gesicht stand Schweiß.
»Es wird dir wieder besser gehen.«
»Meinst du?«
»Und dann werden wir zum Mow Cop ziehen –«
»Ich muß grad an heute denken –«
»– und 'n Haus werden wir uns bauen.«
»– in der Kirche, und das –«
»Wird 'n gutes Haus werden.« Sie wischte das Blut weg, das in seinen Mund kam.
»Das war nich' hübsch«, sagte er.
»Und wenn's fertig ist, mauerst du den Donnerkeil in den Schornstein. Als Glücksbringer.«
»Ich hab' ihn nich' zerschlagen. Er fühlt sich so großartig an.« Seine Finger glitten über den kühlen Stein, ohne daß er hinsah. »Ich nehm's sehr ernst, was er dir angetan hat.«
»Versuch's zu vergessen.«
» Is' in Ordnung. Für mich jedenfalls, und wenn du es bist.«
»Laß.«
»Wenn du es bist: werd' ich stolz sein.«
Die roten Türen schlossen sich. Der blaue und silberne Zug. Sie stand am Fenster.

»Wiederseh'n.«
»Wiederseh'n.«
Es macht nichts.
Bestimmt nicht jetzt und niemals mehr.